Arbeitsheft

Fachkenntnisse Holztechnik

Lernfelder 5 bis 12

von

Uwe Hellwig

HANDWERK UND TECHNIK – HAMBURG

ISBN 978-3-582-**34203**-4
Arbeitsheft – 1. Auflage

ISBN 978-3-582-**34204**-1
Arbeitsheft mit Lösungen – I/1. Auflage

Die Normblattangaben werden wiedergegeben mit Erlaubnis des DIN Deutsches Institut für Normung e. V. Maßgebend für das Anwenden der Norm ist deren Fassung mit dem neuesten Ausgabedatum, die bei der Beuth Verlag GmbH, Burggrafenstraße 6, 10787 Berlin, erhältlich ist.

Verlag Handwerk und Technik GmbH,
Lademannbogen 135, 22339 Hamburg; Postfach 63 05 00, 22331 Hamburg – 2017
E-Mail: info@handwerk-technik.de – Internet: www.handwerk-technik.de

Satz und Layout: CMS – Cross Media Solutions GmbH, 97080 Würzburg
Umschlagsfotos: robinwood GmbH, A-5201 Seekirchen (2); Michael Schwaab, 21109 Hamburg (1, 3)
Druck: Konrad Triltsch Print und digitale Medien GmbH, 97199 Ochsenfurt-Hohestadt

Inhaltsverzeichnis

1 Vorrichtungsbau
1.1 Grundlagen

Name:	Klasse:	Datum:	Blatt 1/1

1. Welche beiden Vorrichtungsarten werden im Vorrichtungsbau unterschieden?

2. Geben Sie für die unterschiedlichen grundlegenden Vorrichtungen Beispiele an.

Vorrichtungen

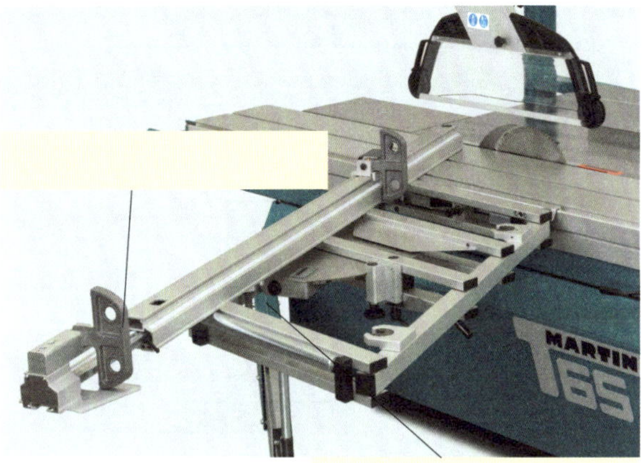

Vorrichtungen

1.2 Spannmittel bestimmen			
Name:	Klasse:	Datum:	Blatt 1/1

1. Um welches Spannmittel handelt es sich jeweils?

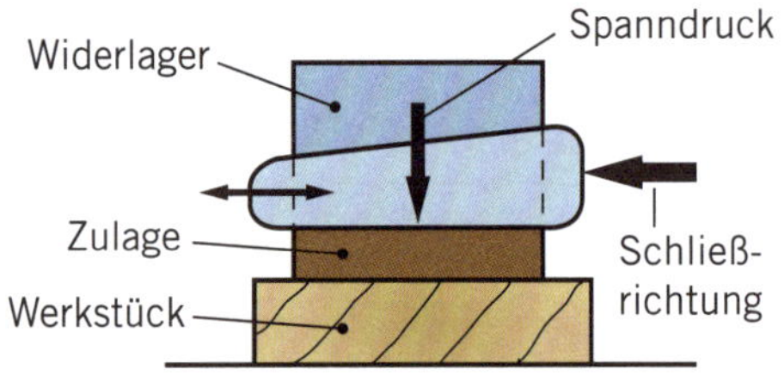

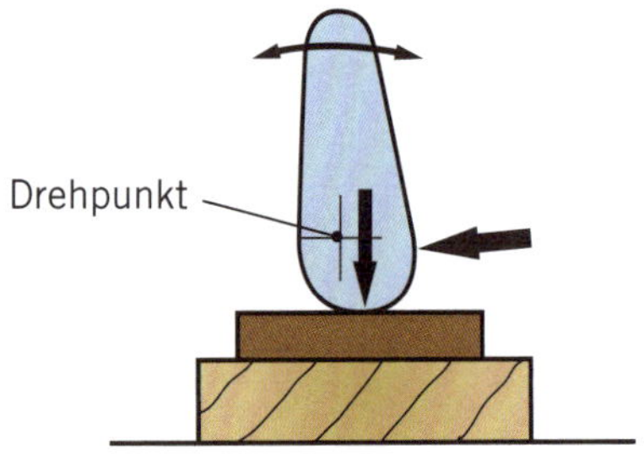

2. Ein Rundstab soll an der Tischkreissäge einen Gehrungsschnitt erhalten. Skizzieren Sie eine mögliche Vorrichtung.

1.3 Spannmittel für die Holzbearbeitung

Name:	Klasse:	Datum:	Blatt 1/1

1. Welches Spannmittel wird bei der jeweiligen Bearbeitung eingesetzt?

Bearbeitung	**Spannmittel**
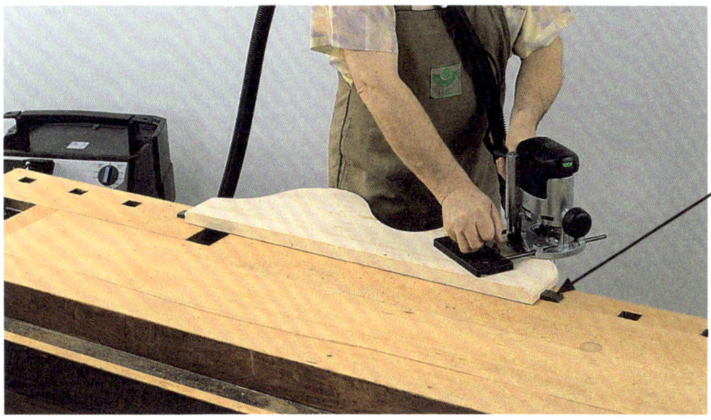	

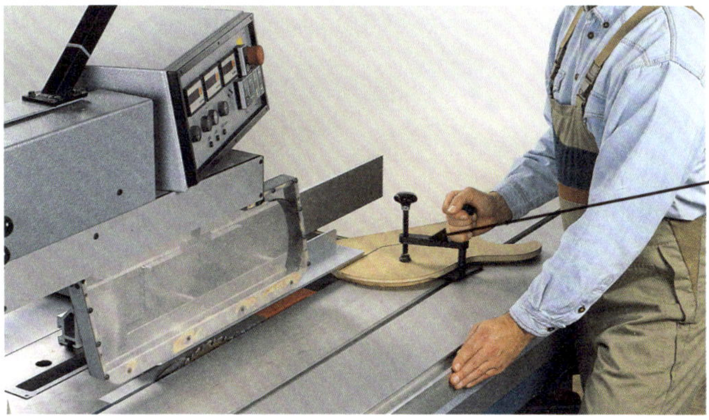	
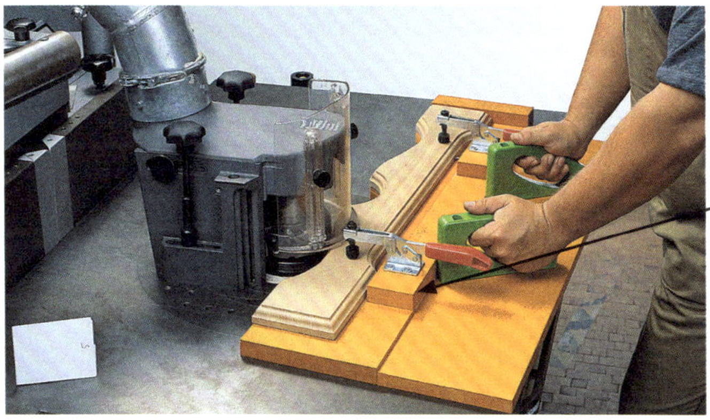	

2 Automatisierte Bearbeitungstechnik

2.1 Steuerungsarten und automatisierte Werkzeugmaschinen

Name:	Klasse:	Datum:	Blatt 1/1

1. Benennen Sie die dargestellte Steuerungsart.

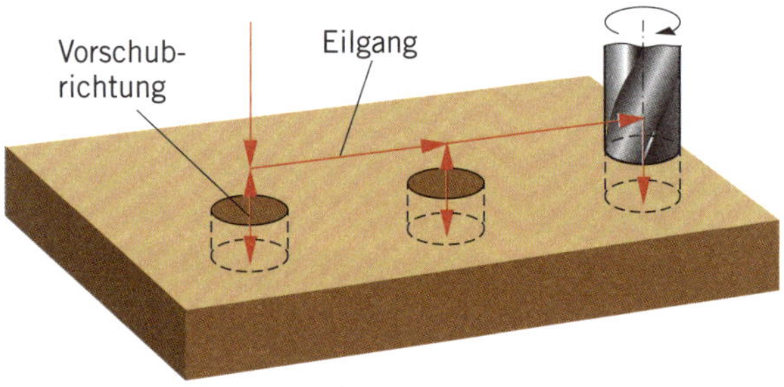

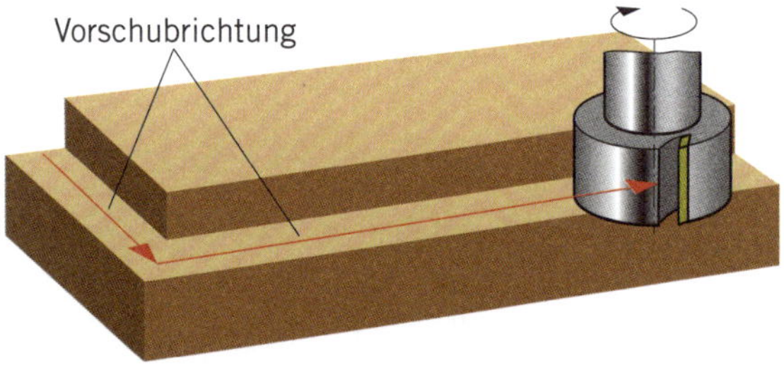

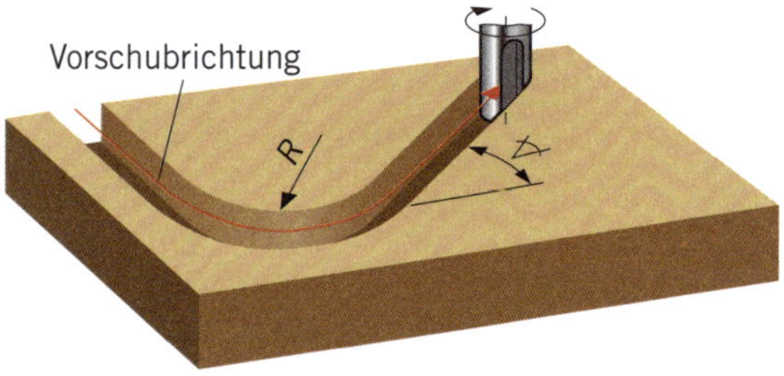

2. Bei den automatisierten Werkzeugmaschinen unterscheidet man zwei Grundkonzeptionen automatisierter Bearbeitungstechnik. Nennen Sie diese.

a) Wie unterscheiden sich die beiden Bearbeitungstechniken?

b) Geben Sie für beide Bearbeitungstechniken zwei Beispiele an.

Stationärbearbeitung	Durchlaufbearbeitung

2.2 Bearbeitungsgänge an einer Kantenanleimmaschine

Name:	Klasse:	Datum:	Blatt 1/1

1. An einer Kantenanleimmaschine werden unterschiedliche Bearbeitungsgänge durchgeführt. Ordnen Sie mithilfe von Pfeilen den dargestellten Bearbeitungsgängen die Bearbeitungsbeschreibungen zu.

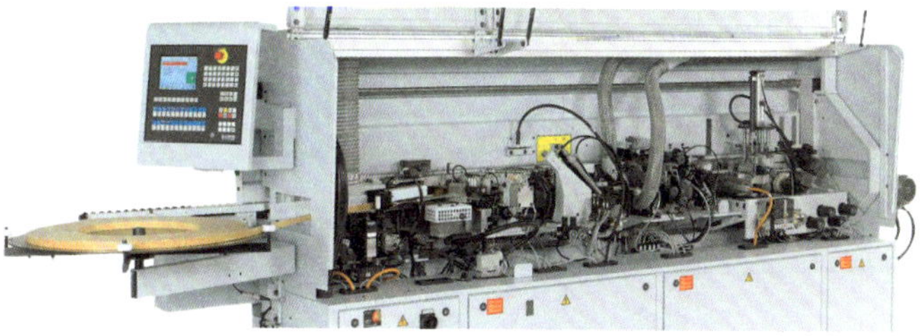

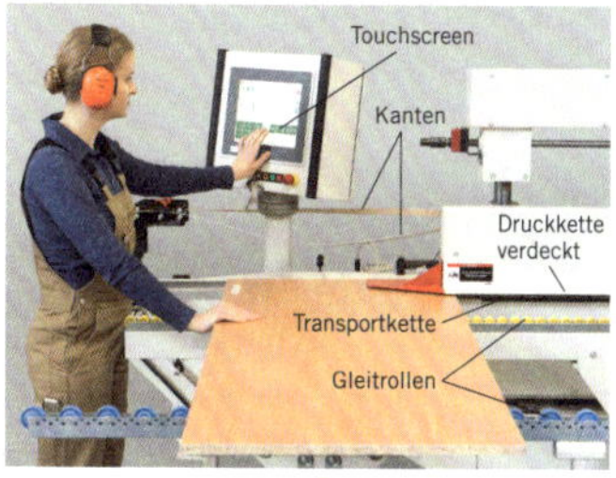

Dateneingabe an der Kantenanleimmaschine

Vorfügen der Schmalfläche

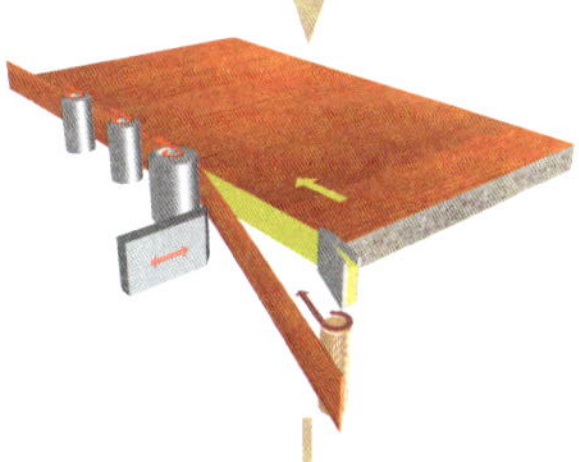

Bündigfräsen und Runden der Kante

Polieren der bündigen und gerundeten Kanten

Bündigschneiden der Kante

Kleben, Kappen und Pressen der Kante

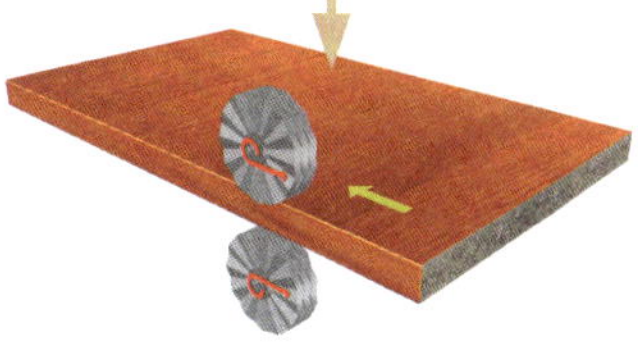

Säubern der Kante mit Ziehklingenmessern

2.3 Transportmittel und Gesundheit

Name:	Klasse:	Datum:	Blatt 1/1

Um einem späteren Verschleiß bzw. späteren Schäden an der Wirbelsäule vorzubeugen, sollte die Wirbelsäule bei allen Arbeitsgängen geschont werden.

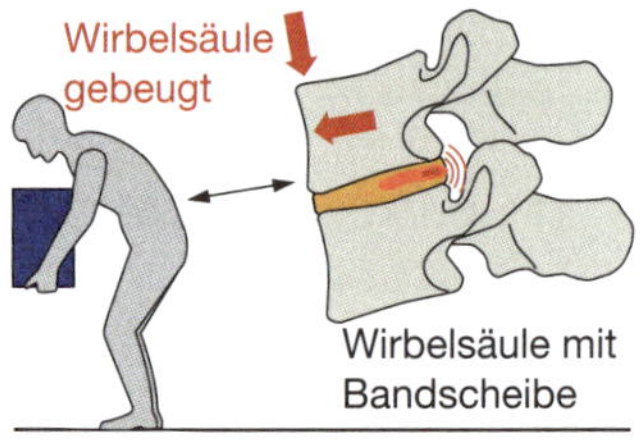

1. Welche Hinweise zum manuellen Tragen von Lasten sind jeweils dargestellt?

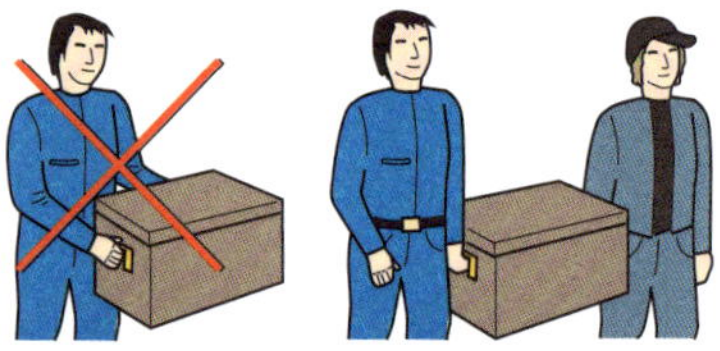	
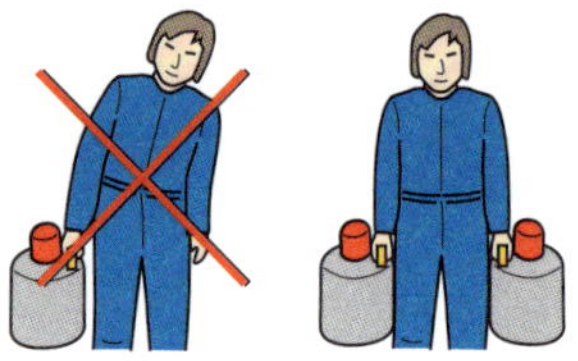	
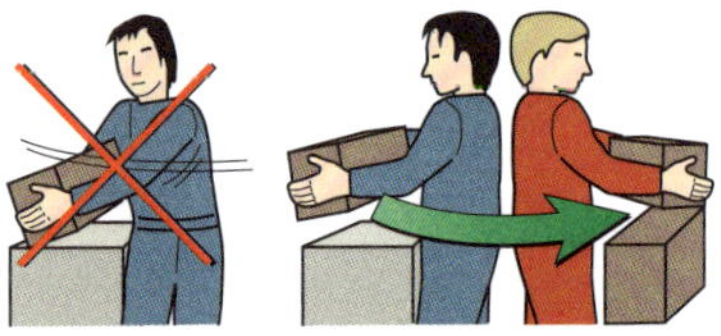	
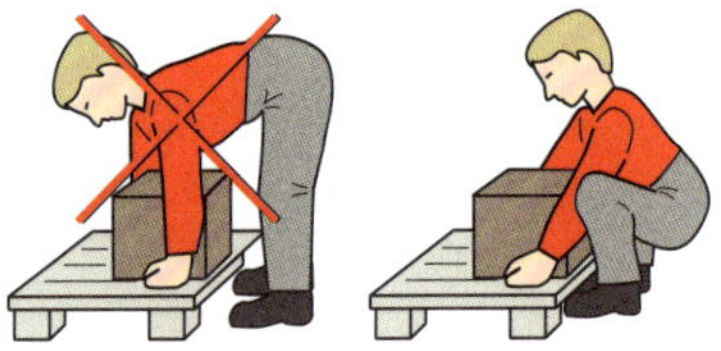	

2. Nennen Sie jeweils Transporthilfen für …

… den Plattentransport innerhalb der Werkstatt.

… die Spanplattenbearbeitung an der Tischkreissäge.

… das Tragen von Glas beim Verglasen von Fenstern.

2.4 Werkzeugberechnungen

Name:	Klasse:	Datum:	Blatt 1/6

Fertigungsablauf

1. Für einen möglichen Arbeitsprozess sind die folgenden Bearbeitungsstationen festgelegt. Ergänzen Sie links eine jeweilig zur Verwendung stehende stationäre Holzbearbeitungsmaschine und rechts die maschinenspezifischen Aspekte für weitere Berechnungen (siehe Bsp.).

Bearbeitungsstation	Maschine		Aspekte
Ablängen	Pendelsäge	→	Zähnezahl z Drehzahl n
Besäumen/Zuschnitt		→	
Abrichten		→	
Hobeln		→	
Verleimen		→	
Zuschnitt		→	
Nuten		→	
Schleifen		→	
Schleifen		→	

Name:	Klasse:	Datum:	Blatt 2/6

Vorschubgeschwindigkeit

1. 120 m Fensterholz wurden an der Abrichte zweiseitig abgerichtet. Die Bearbeitungszeit für das reine Abrichten betrug 40 min. Wie groß war die eingestellte Vorschubgeschwindigkeit?

2. An der Tischkreissäge wird Fensterholz zugeschnitten. 10 Bohlen von 2,2 m Länge werden dreimal längs geschnitten. Die Zeit für den reinen Zuschnitt betrug 15 min. Wie groß war die Vorschubgeschwindigkeit?

3. An der Tischfräse ist der Vorschubapparat auf 10 und 20 m/min einstellbar. Momentan ist er auf 10 m/min eingestellt.

a) Wie viel Zeit wird für das zweiseitige Profilieren des Flügelholzes von 60 m benötigt?

b) Welche Folgen hätte die Einstellung auf 20 m/min?

4. Welche Folgen hat eine zu kleine bzw. eine zu große Vorschubgeschwindigkeit auf die Oberflächengüte?

2.4 Werkzeugberechnungen

Name:	Klasse:	Datum:	Blatt 3/6

Schnittgeschwindigkeit

1. a) Das Sägeblatt an der Tischkreissäge hat einen Durchmesser von 30 cm. Die Drehzahl beträgt 9000 1/min. Wie groß ist die Schnittgeschwindigkeit?

b) Da das Sägeblatt HW Schneiden besitzt, wird eine Schnittgeschwindigkeit von ca. 80 m/s empfohlen. Einstellbar sind 6000, 9000 und 12000 1/min. Was ist zu tun? Weisen Sie ihre Aussage mathematisch nach.

c) Wie groß ist die neue Schnittgeschwindigkeit?

d) Welche Möglichkeit besteht, um sich der empfohlenen Schnittgeschwindigkeit weiter zu nähern? (Weisen Sie dies mathematisch nach.)

Name:	Klasse:	Datum:	Blatt 4/6

Zahnvorschub

1. Bei einem elektrischen Handhobel mit einer Schneide wird die Welle mit 18000 1/min betrieben. Der Handvorschub beträgt 5 m/min.
a) Wie groß ist der Zahnvorschub?
b) Wie bewerten Sie die Oberflächengüte und wie reagieren Sie?

2. An der Abrichte mit einer Zwei-Schneiden-Messerwelle werden Rahmenhölzer abgerichtet. Der manuelle Vorschub beträgt 10 m/min, die Drehzahl beträgt 8000 1/min. Wie viel mm beträgt Zahnvorschub?

3. Da der empfohlene Zahnvorschub ca. 0,4 mm liegen soll, muss der manuelle Vorschub geändert werden. Wie groß ist dieser rechnerisch zu wählen?

4. Eine Dickenhobelmaschine mit einer 2 Messerwelle wird mit $n = 9000$ 1/min betrieben. Wie groß muss die Vorschubgeschwindigkeit eingestellt werden, damit ein Zahnvorschub von 0,4 mm erreicht wird?

2.4 Werkzeugberechnungen

Name:	Klasse:	Datum:	Blatt 5/6

Übersetzung

1. Bei einer Tischkreissäge beträgt die Drehzahl an der Abnahmewelle 5000 1/min. Der 7,5 kW-Motor erzeugt eine Drehzahl von 4000 1/min. Wie groß ist das Übersetzungsverhältnis?

2. Bei einer Langbandschleifmaschine hat die Antriebsrolle einen Durchmesser von 20 cm, die Abnahmerolle einen Durchmesser von 40 cm. Wie groß ist das Übersetzungsverhältnis?

3. Ein SP-bestücktes Kreissägeblatt mit einem Durchmesser von 350 mm und einer maximalen Drehzahl von 5500 1/min wird auf einer Tischkreissäge eingespannt. Die Antriebswelle kann 3000, 4000 und 5000 1/min erzeugen. Es soll Weichholz gesägt werden.
Mit welcher Drehzahl wird die beste Schnittqualität erzielt?

Name:	Klasse:	Datum:	Blatt 6/6

Aufgaben zur Tischfräse und Tischkreissäge

1. An der Tischfräse ist die Drehzahl mit 6000 1/min eingestellt. Es wird ein Werkzeug mit einem Durchmesser von 250 mm eingesetzt. Welche Folgen ergeben sich (siehe Tabelle)?

Schnittgeschwindigkeiten in m/s

Ø Fräswerkzeug in mm \ Drehzahl der Frässpindel in 1/min	2500	2800	3000	3500	4000	4500	5000	5500	6000	6500	7000	7500	8000	9000	10000	12000
450	59	66	71	82												
420	55	62	66	77												
400	52	59	63	73	84											
380	50	56	60	70	80											
350	46	51	55	64	73	82										
320	42	47	50	59	67	75	84									
300	39	44	47	55	63	71	79									
280	37	41	44	51	59	66	73	82								
250		37	39	46	52	59	65	73	79	85						
220			35	40	46	52	58	65	70	75	81					
200				37	42	47	52	59	63	68	73	79	84			
180					37	42	47	53	57	61	66	71	75	85		
160						38	42	47	50	54	59	63	67	75	84	
140							37	41	44	48	51	55	59	66	73	88
120								35	38	41	44	47	50	57	63	75
100										34	37	39	42	47	52	63
80													33	38	42	50
60															31	38

Bruchgefahr erhöhte Lärmentwicklung

erhöhte Rückschlaggefahr

2. Auf einer Tischkreissäge werden 12 Kiefernholzbohlen von 4,75 m Länge beidseitig besäumt. Für das Aufnehmen, Umdrehen und Ablegen einer Bohle benötigt der Geselle 1 Minute. Der Handvorschub ist auf 7,5 m/min eingestellt. In welcher Zeit sind die Bohlen bearbeitet?

3. Eine Handkreissäge mit einem Sägeblatt von 18 cm Durchmesser hat die Umdrehungsfrequenz $n = 2870$ 1/min. Berechnen Sie mithilfe der Faustformel die ungefähre Schnittgeschwindigkeit.

3 CNC-Fertigungstechnik
3.1 Begriffe am CNC-Bearbeitungszentrum

Name:	Klasse:	Datum:	Blatt 1/1

1. Fügen Sie die unten angeordneten Begriffe ein.

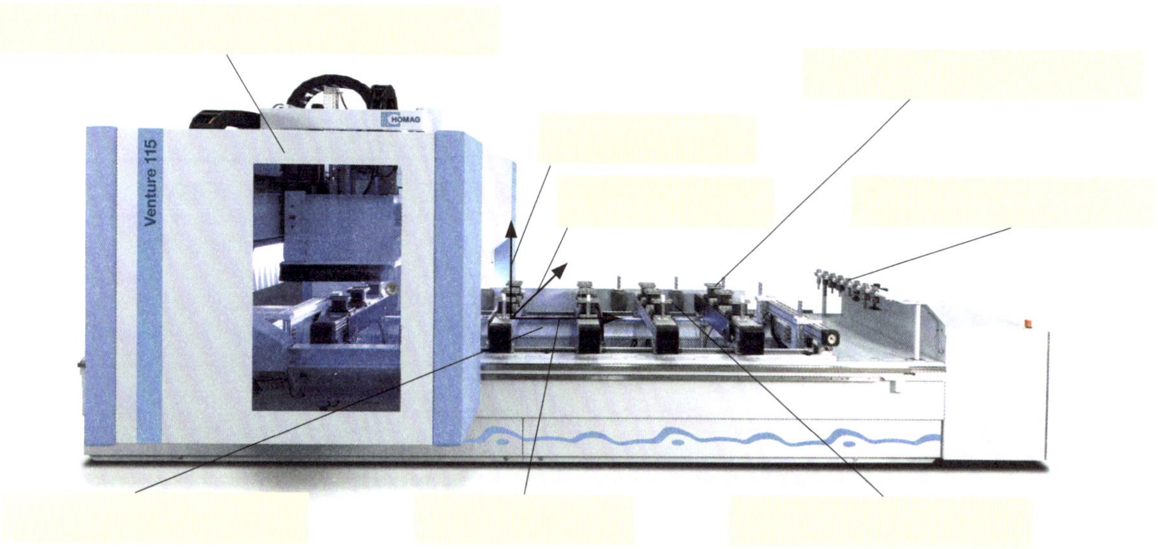

Support mit Bearbeitungsaggregat

Maschinentisch

z-Achse

Spannelement

Werkstückanschlag

y-Achse

x-Achse

Werkzeugmagazin

2. Wie bezeichnet man die beiden dargestellten Werkzeugmagazine?

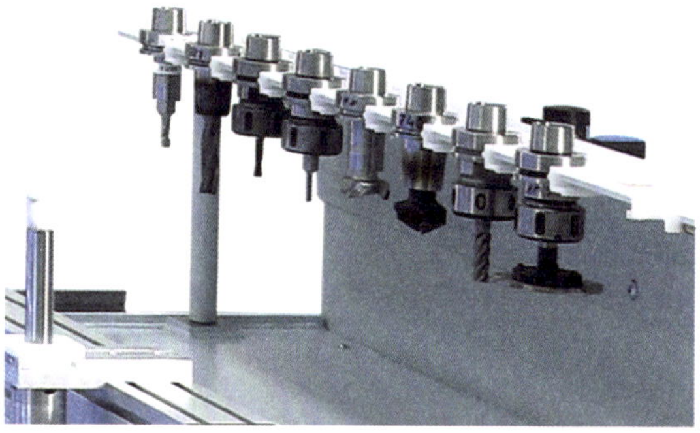

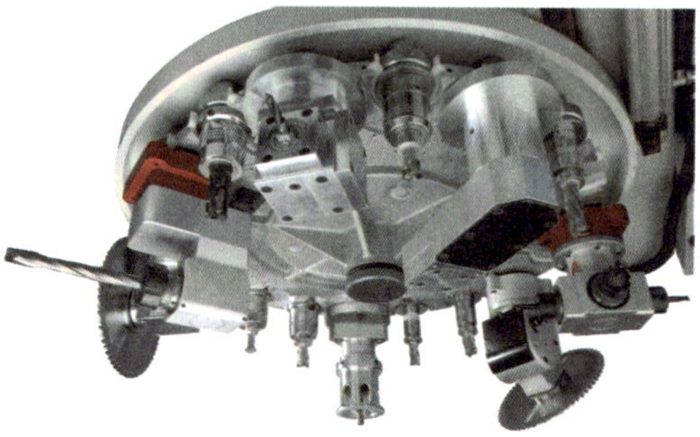

3. Wie werden die unterschiedlichen Schaftformen bezeichnet?

3.2 CNC-Programmierung

Name:	Klasse:	Datum:	Blatt 1/1

1. Was beinhalten die „technologischen Befehle“ innerhalb eines Programmes?

2. Geben Sie drei Beispiele für technologische Befehle an.

Adresse	Maßeinheit	Beschreibung

3. Was beinhalten „Zusatzbefehle“?

4. Geben Sie vier Beispiele für Zusatzbefehle an.

Zusatzbefehl	Beschreibung

5. Erkennen Sie die einzelnen Programmteile?

%SP	%1000	:
:	…	… X550 Y200
:	L …	… X800 Y400
	…	… X1200 Y600
	M30	… X200 Y200
		:

3.3 Übergangsradien

Name:	Klasse:	Datum:	Blatt 1/1

1. Für das dargestellte Sport-Übungsgerät soll der Außenbogen aufgrund fehlender Unterlagen neu programmiert werden. Hierzu sind die Übergangsbögen frei zu konstruieren.

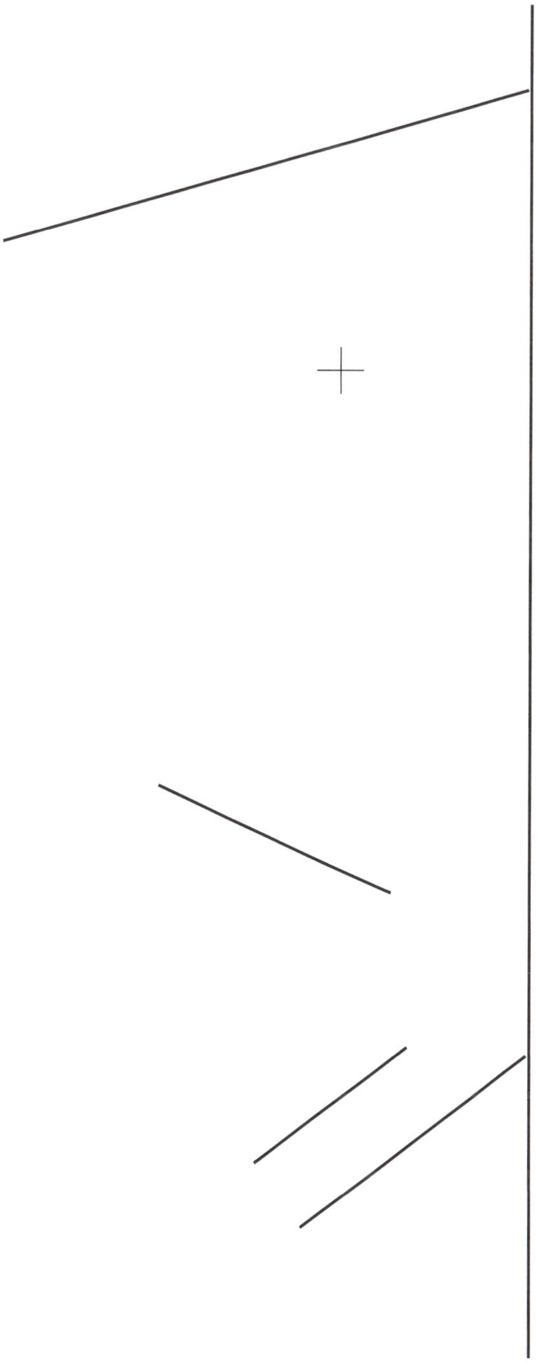

4 Stilgeschichte

4.1 Stilepochen

Name:	Klasse:	Datum:	Blatt 1/1

1. Ordnen Sie die Epochen den jeweiligen Bildern zu und geben Sie die Zeiträume für diese an.
Romanik, Klassizismus, Gotik, Renaissance, Historismus, Barock, Moderne, Bauhaus, Jugendstil

Name:	Klasse:	Datum:	Blatt 1/6

Schnittdarstellung von Holzwerkstoffen im Möbelbau

1. Zeichnen Sie nach der Beschreibung den normgerechten Teilschnitt nach DIN 919.

Spanplatte, allg. Verwendung, Trockenbereich, 19 mm unbeschichtet	
Spanplatte, allg. Verwendung, Trockenbereich, 19 mm, Eiche umlaufend furniert 0,5 mm	
Spanplatte, allg. Verwendung, Trockenbereich, 19 mm, Eiche umlaufend furniert 1,5 mm	
Stäbchenplatte EN 636 allg. Zwecke, Trockenbereich,19 mm, Eiche umlaufend furniert 0,5 mm	
Vollflächig angeleimte Leiste aus Eichenholz, Spanplatte 19 mm roh, Eiche furniert	
Eichenvollholz 20 mm	
Eingeklebtes Aluminiumprofil, Spanplatte 19 mm roh, Eiche furniert	

Name:	Klasse:	Datum:	Blatt 2/6

Zeichnen nach DIN 919

1. Vervollständigen Sie die beiden Schnitte. Berücksichtigen Sie dabei die Vorgaben nach DIN 919.

Normung nach DIN 919 (2 Liniengruppen stehen zur Auswahl)

Linienarten	**Linienstärken nach**		**Anwendungsbeispiele**
	Liniengruppe 0.7	**Liniengruppe 0.5**	
Volllinien, breit	0,7 mm	0,5 mm	sichtbare Kanten, Fugen
Volllinien, schmal	0,35 mm	0,25 mm	Schraffuren, Maßlinien
Strichpunktlinie, schmal	0,35 mm	0,25 mm	Symmetrielinien, Schrauben
Strichpunktlinie, breit	0,7 mm	0,5 mm	Kennzeichnung von Schnittebenen
Text (Texthöhe mind. 3,5 mm)	0,5 mm	0,35 mm	Bemaßungstext

a) <u>linke Schnittzeichnung:</u>
Vollholz, Längsholz, Esche, Stärke 20 mm, 4 Holzdübel aus Buche mit einem Durchmesser von 8 mm und einer Länge von 30 mm

b) <u>rechte Schnittzeichnung:</u>
Rahmenholz, Vollholz, Hirnholz Buche, Breite 55 mm, Stärke 45 mm, Füllungsleiste 25 mm breit und 15 mm stark, Spanplatte 19 mm, Spanplattenschraube mit Senkkopf und Schlitz, Kupfer-Zink-Legierung (Messing) → Beachten Sie: Schraffurabstand ca. $\frac{1}{2}$ Plattenstärke

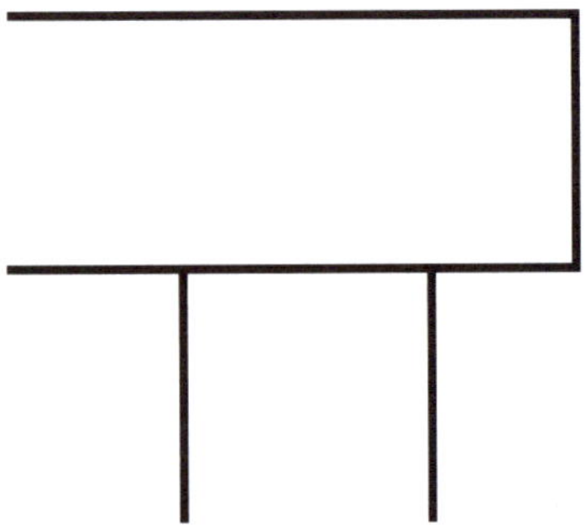

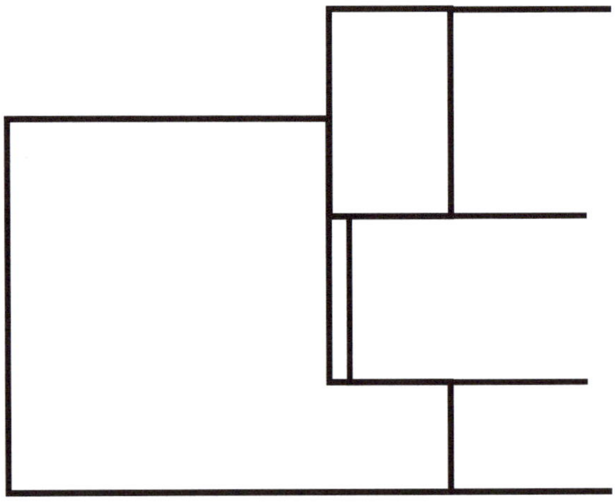

Name:	Klasse:	Datum:	Blatt 3/6

Schnitte und Plattenliste

1. Zu den Ansichten des Küchenkorpus sind einige Schnittzeichnungen dargestellt. Ordnen Sie die Schnittzeichnungen ansichtsgerecht zu und erstellen Sie für den Küchenkorpus die Holzliste (nur Platten).

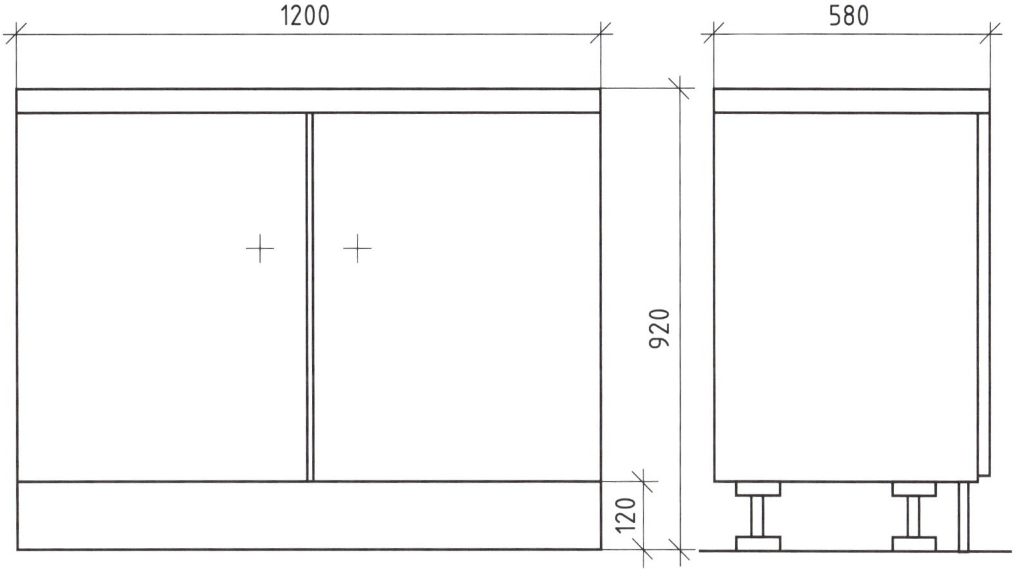

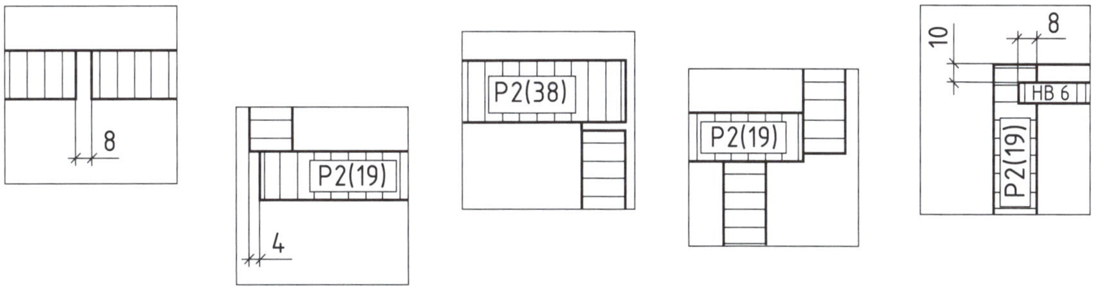

Bezeichnung	Anzahl	Material	Länge (mm)	Breite (mm)	Stärke (mm)

5.1 Zeichnungserstellung

Name:	Klasse:	Datum:	Blatt 4/6

1. Ergänzen Sie in den Schnittzeichnungen die Schraffuren und sämtliche Beschriftungen. Nach der Bearbeitung der Aufgaben zu den Beschlägen (siehe S. 36), ergänzen Sie in den Schnittzeichnungen die Beschläge.

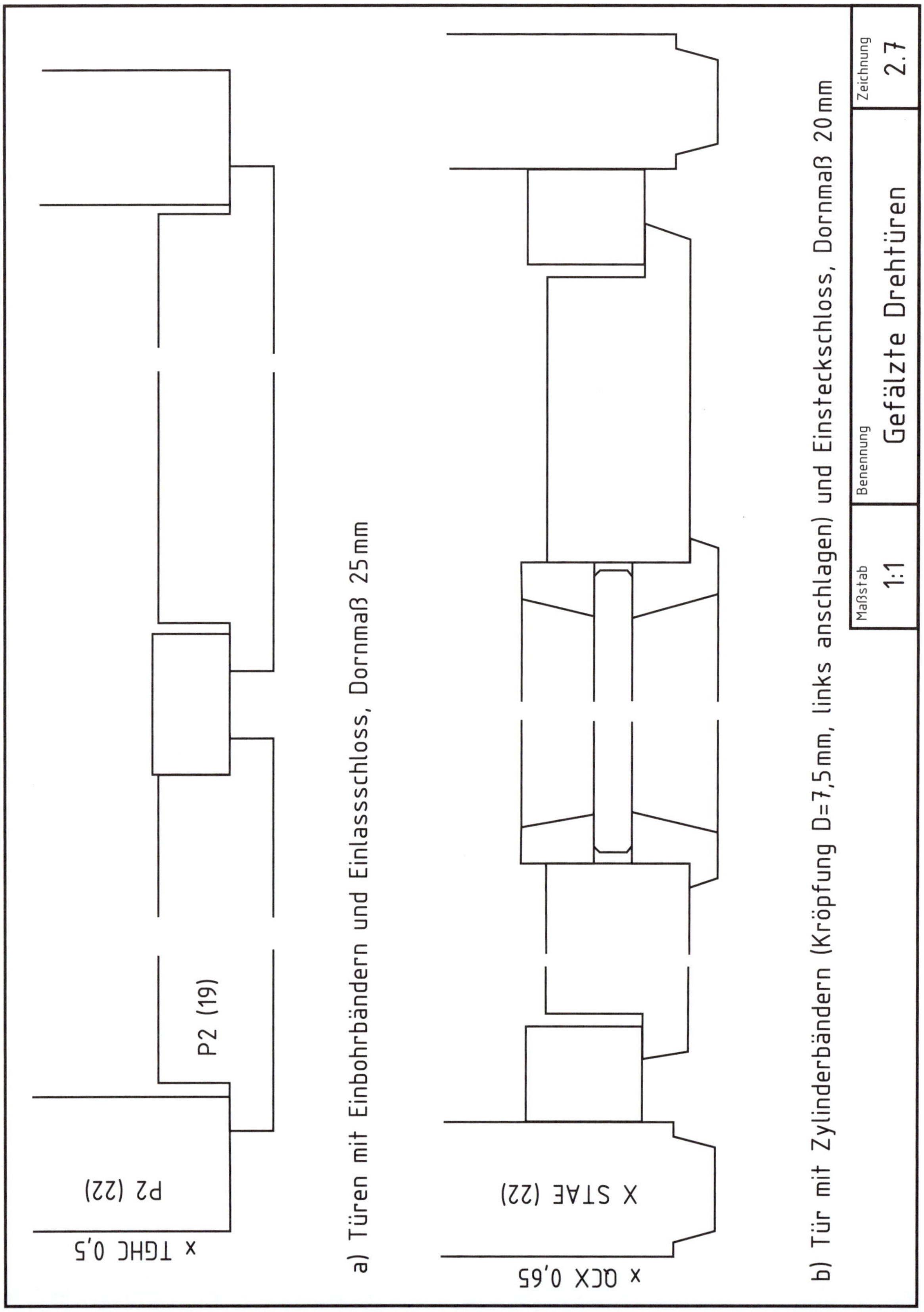

Name:	Klasse:	Datum:	Blatt 5/6

Möbelklappe und Schiebetüren

1. Wählen Sie geeignete Werkstoffe und ergänzen Sie die Schraffuren und Beschriftungen. Zeichnen Sie die Schreibklappe im geöffneten Zustand mithilfe von Umrisslinien ein.

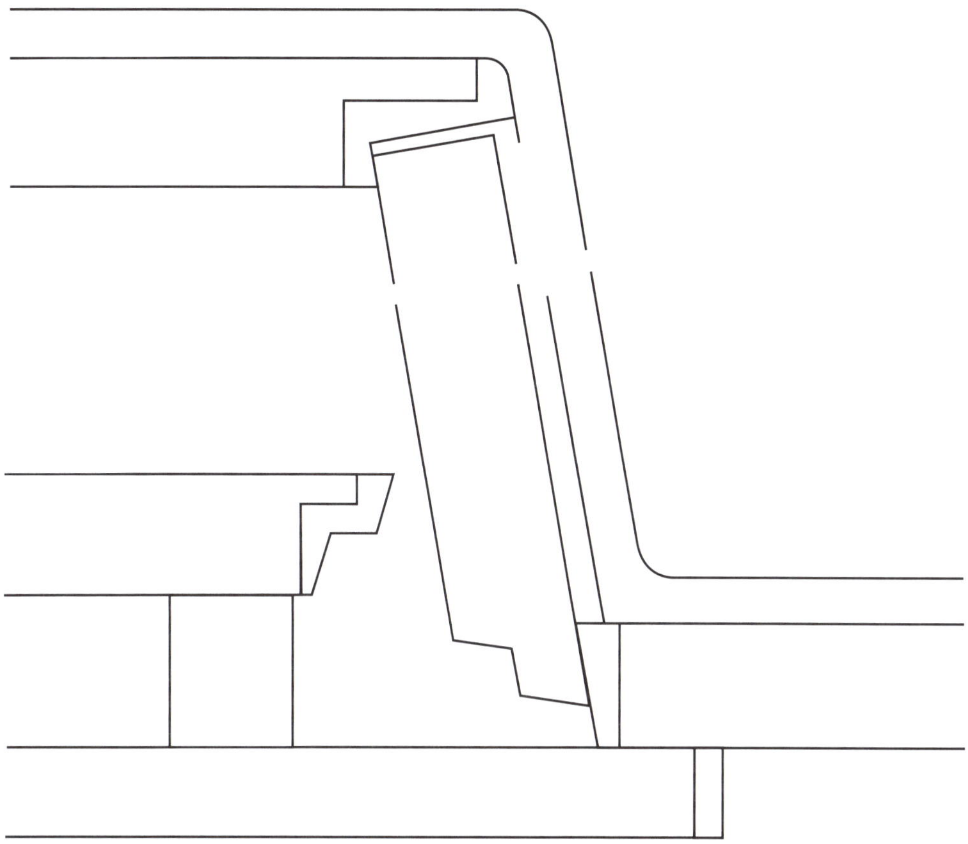

2. Um die Schreibplatte zusätzlich zu halten, sind zwei Klappenhalter zu montieren. Fertigen Sie eine maßstabsgerechte Skizze an und ermitteln Sie das Maß D (siehe Montagezeichnung). Das Innenmaß *h* soll 50 cm, der Abstand des Beschlages von der Unterkante der oberen Deckplatte 10 cm betragen.

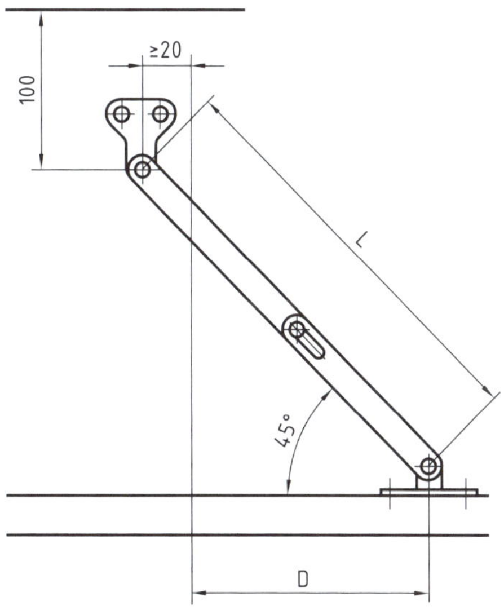

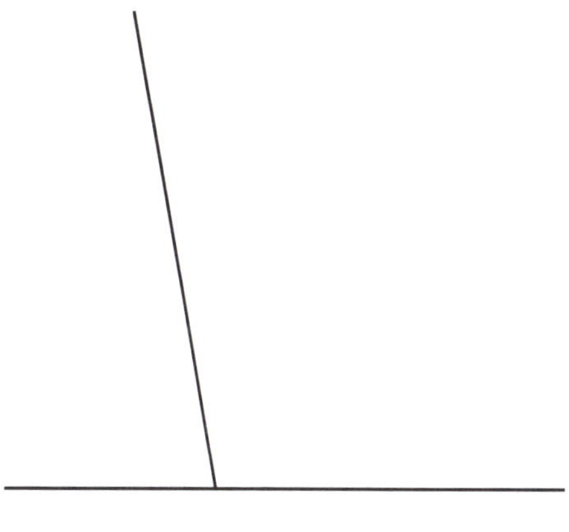

M 1:10

Name:	Klasse:	Datum:	Blatt 6/6

Hängeschrank mit Schiebetüren in Kiefer

1. Ergänzen Sie die Schraffur im Schnitt B-B und zeichnen Sie den Schnitt A-A im Maßstab 1:1.

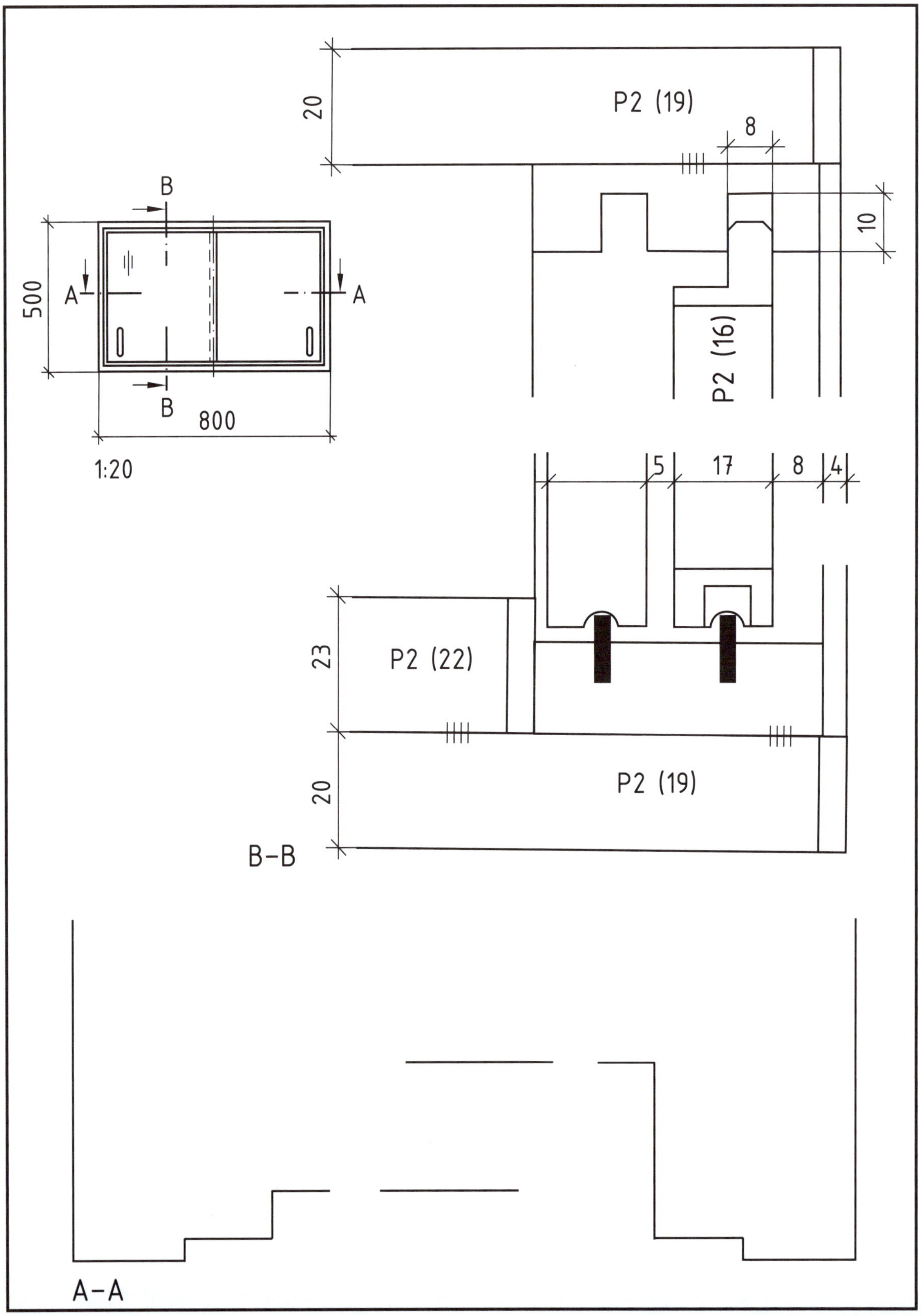

5.2 Konstruktionen und Bauweisen

Name:	Klasse:	Datum:	Blatt 1/2

1. Schneiden Sie die Bilder auf Seite 137 aus und kleben Sie die Abbildung sowie das Foto unter die Möbelbauweise.

Brettbau	**Plattenbau**	**Stollenbau**	**Rahmenbau**

2. Auf den beiden Abbildungen sehen Sie einen Schrank in Rahmenbauweise und eine Anrichte in Plattenbauweise. Beschriften Sie die Elemente der beiden Möbelstücke.

5.2 Konstruktionen und Bauweisen

Name:	Klasse:	Datum:	Blatt 2/2

1. Geben Sie Konstruktionsmerkmale für Möbelbauweisen an.

Brettbau:

Plattenbau:

Rahmenbau:

Stollenbau:

5.3 Gestell- und Korpusmöbel			
Name:	Klasse:	Datum:	Blatt 1/3

Gestellmöbel

1. Nennen Sie die Bauweisen in denen Gestellmöbel meist hergestellt werden.

2. Beschriften Sie die Bauteile.

3. Verbindungen zwischen Stollen, Stegen und Zargen können gestemmt (z. B. Zapfen), verkeilt oder gedübelt sein. Bezeichnen Sie die drei Abbildungen anhand Ihrer Verbindung.

Name:	Klasse:	Datum:	Blatt 2/3

Korpusmöbel

1. Nennen Sie die Bauweisen in denen Korpusmöbel hergestellt werden.

2. Beschriften Sie das Korpusmöbel.

3. Kleinere Korpen, z. B. Küchenoberschränke, können mithilfe **der** C-Fertigung im Späteren zusammengefügt werden. Wie nennt man dieses Verfahren?

4. Welche Aufgabe hat die Rückwand in Korpusmöbeln?

5.3 Gestell- und Korpusmöbel			
Name:	Klasse:	Datum:	Blatt 3/3

Tischkonstruktion – Übergangsbogen

1. Der Schreibtisch in einer Arztpraxis soll für neue Geräte eine neue Tiefe von 1,4 m erhalten. Konstruieren Sie den neuen Tisch (Hinweis: Nutzen Sie Übergangsbögen).

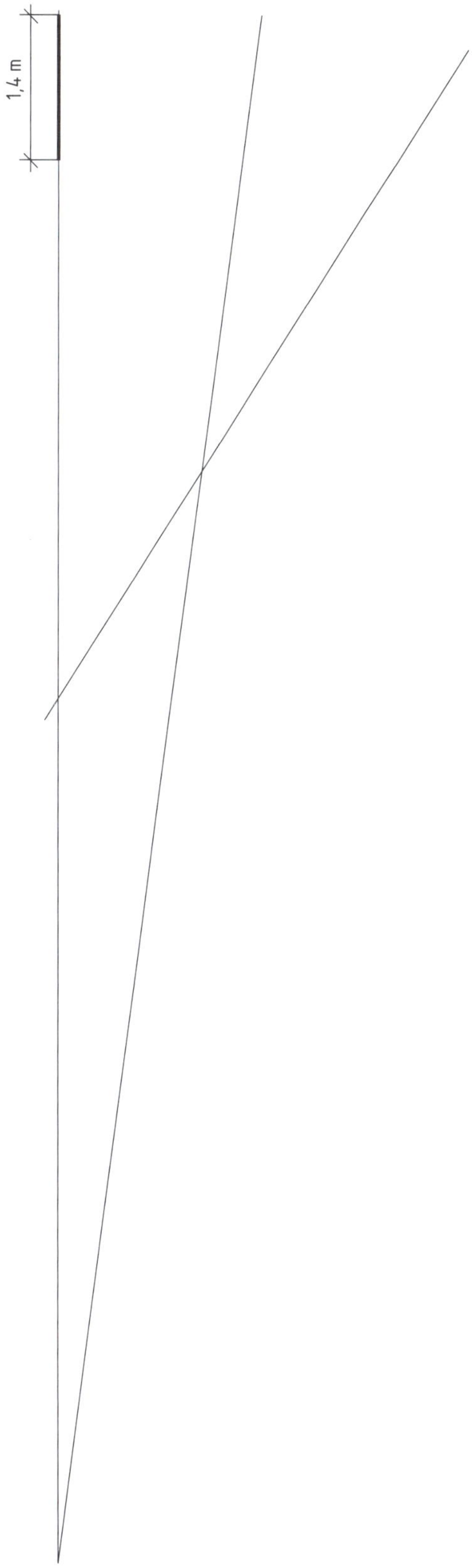

5.4 Schubkasten

Name:	Klasse:	Datum:	Blatt 1/6

1. Bezeichnen Sie die einzelnen Elemente der Konstruktion.

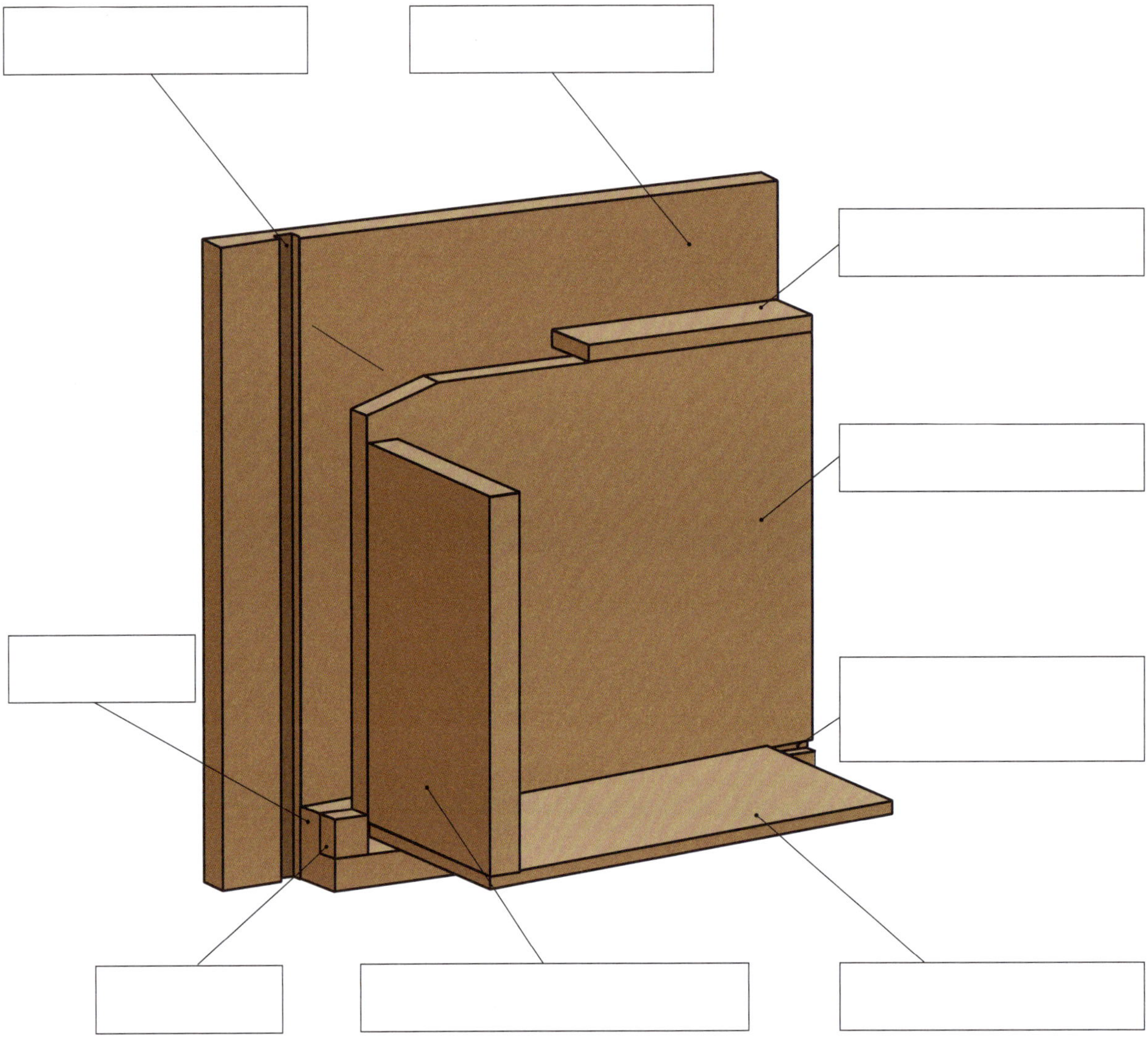

2. Warum wird die Kippleiste nicht bis zur Rückwand geführt?

3. Warum ist die Schubkastenseite leicht abgeschrägt?

4. Warum ist das Schubkastenhinterstück nicht so hoch wie die Schubkastenseiten?

5.4 Schubkasten

Name:	Klasse:	Datum:	Blatt 2/6

1. Tragen Sie die Begriffe in die Zeichnung ein. Zeichnen Sie die Hinweislinien an das entsprechende Element.
Begriffe: C-C, Kippleiste, Laufleiste, Stoppklotz, Streichleiste, B-B, Detail A

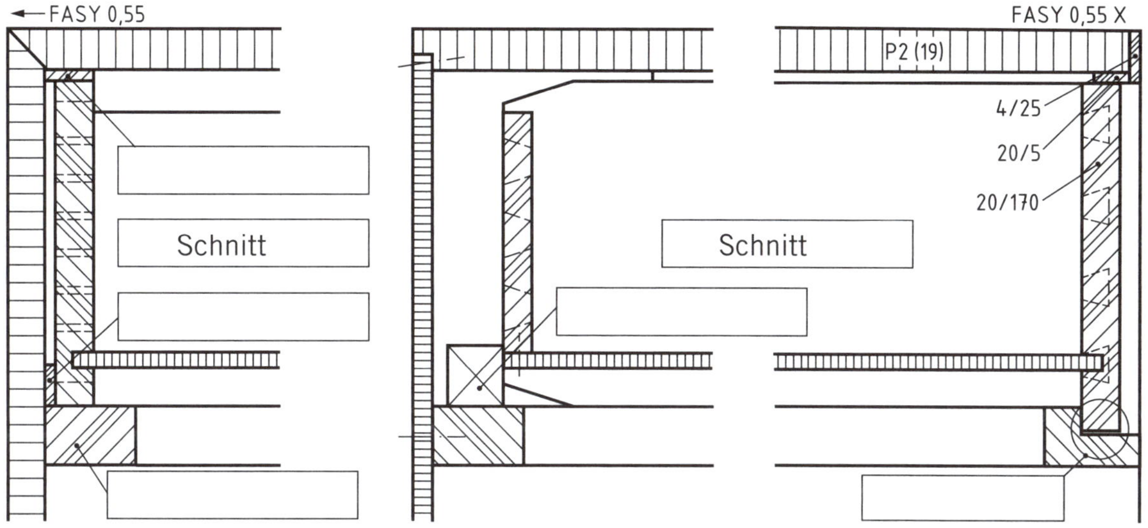

2. Durch welches Element wird der Schubkasten gestoppt?

3. Welche Bedeutung hat die kurze Linie im hinteren Bereich oberhalb der Schubkastenseite?

4. Um welche Zinkungsarten handelt es sich bei dem oben dargestellten Schubkasten?

5. Warum verläuft der Schubkastenboden in Höhe der untersten Zinkung?

5.4 Schubkasten

Name:	Klasse:	Datum:	Blatt 3/6

1. Ergänzen Sie die jeweilige Schnittangabe und alle weiteren erkennbaren Elemente. Zeichnen Sie zudem die Schraffuren ein.

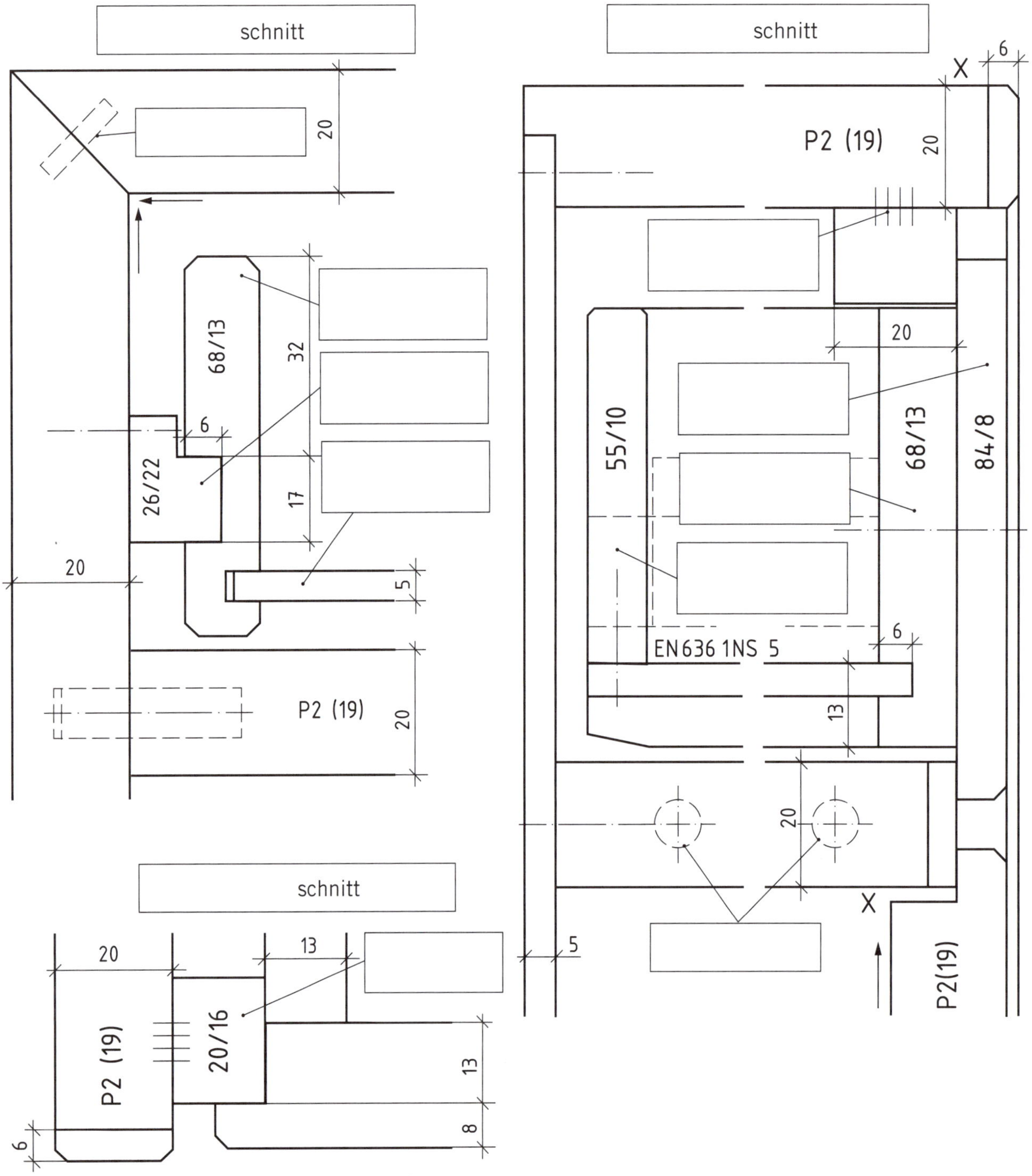

2. Nennen Sie den Konstruktionsfehler, der in der Zeichnung zu finden ist.

5.4 Schubkasten			
Name:	Klasse:	Datum:	Blatt 4/6

Dielenschränkchen in Nussbaum mit Fußgestell

1. Ergänzen Sie die Schraffur und sämtliche Bezeichnungen im vorliegenden Schnitt.

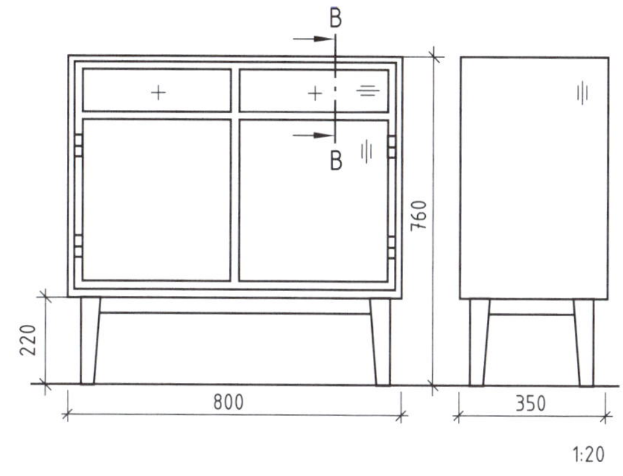

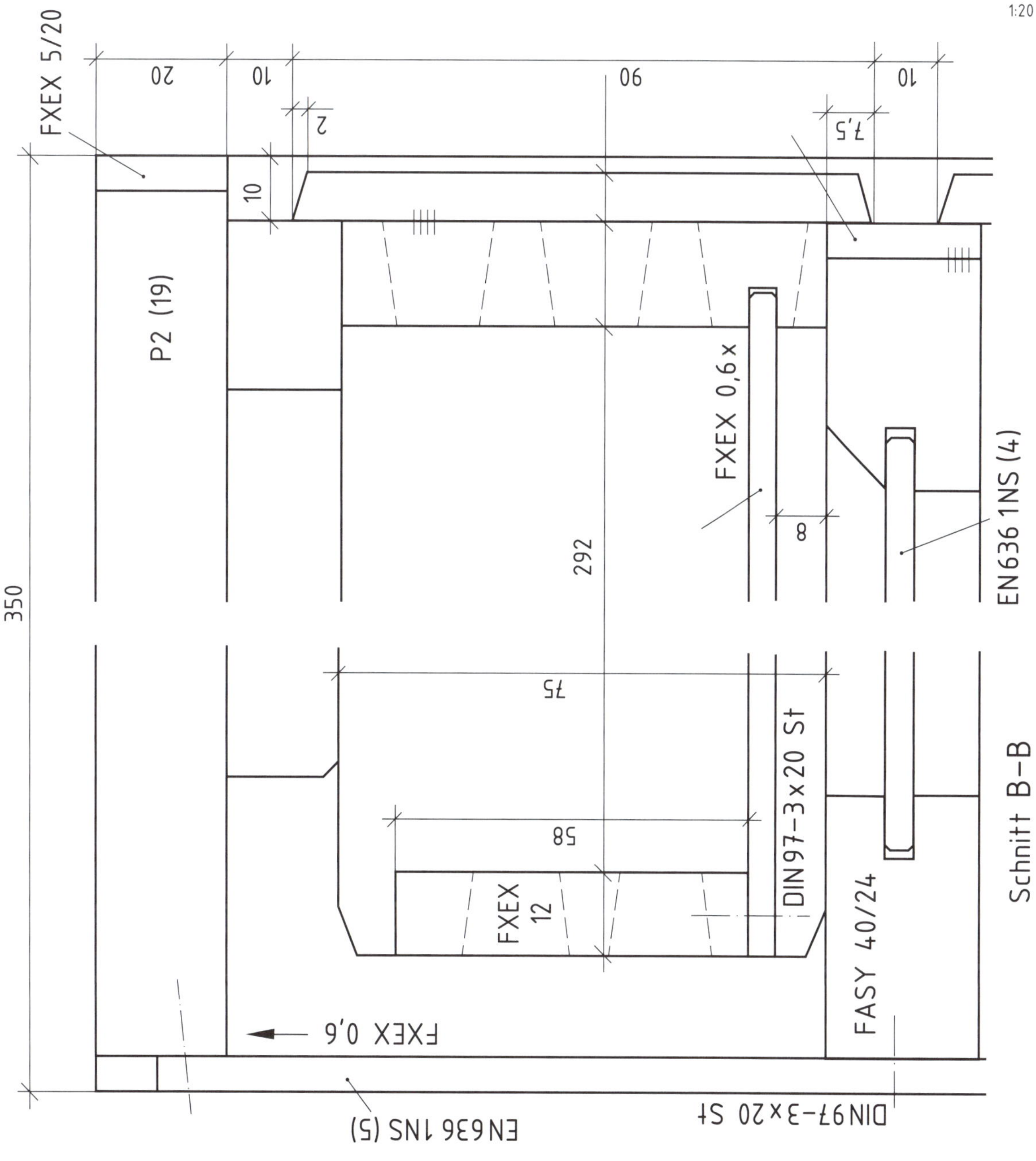

5.4 Schubkasten

Name:	Klasse:	Datum:	Blatt 5/6

1. Zeichnen Sie eine mögliche Ausführung des Schubkastenvorderstückes.

2. Schubkästen werden unterschiedlich geführt. Vervollständigen Sie die hier aufgeführten Varianten.

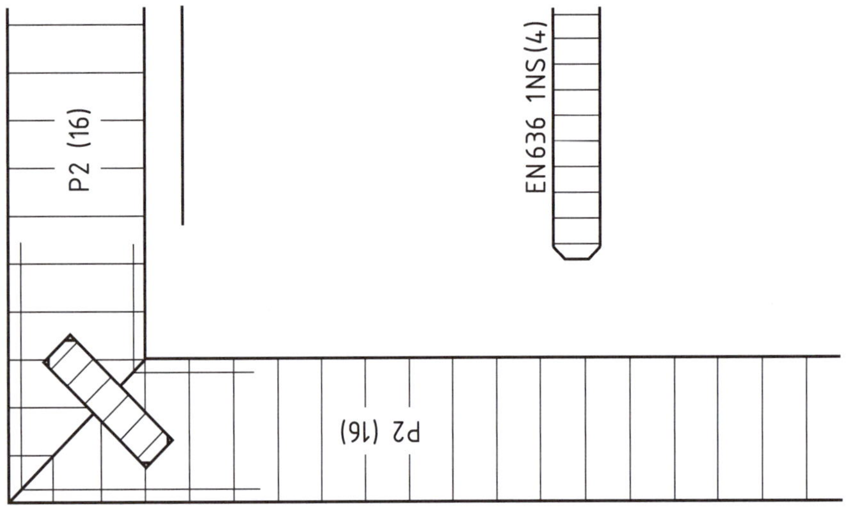

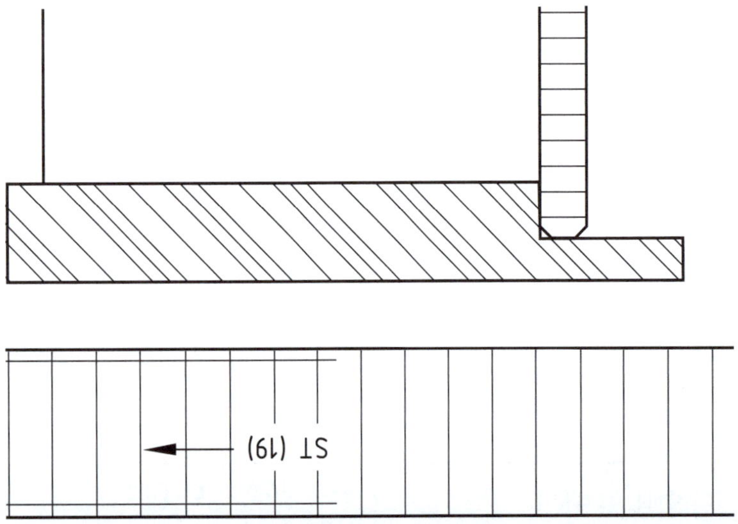

5.4 Schubkasten

Name:	Klasse:	Datum:	Blatt 6/6

1. Vervollständigen Sie die Schnittzeichnungen.

C–C

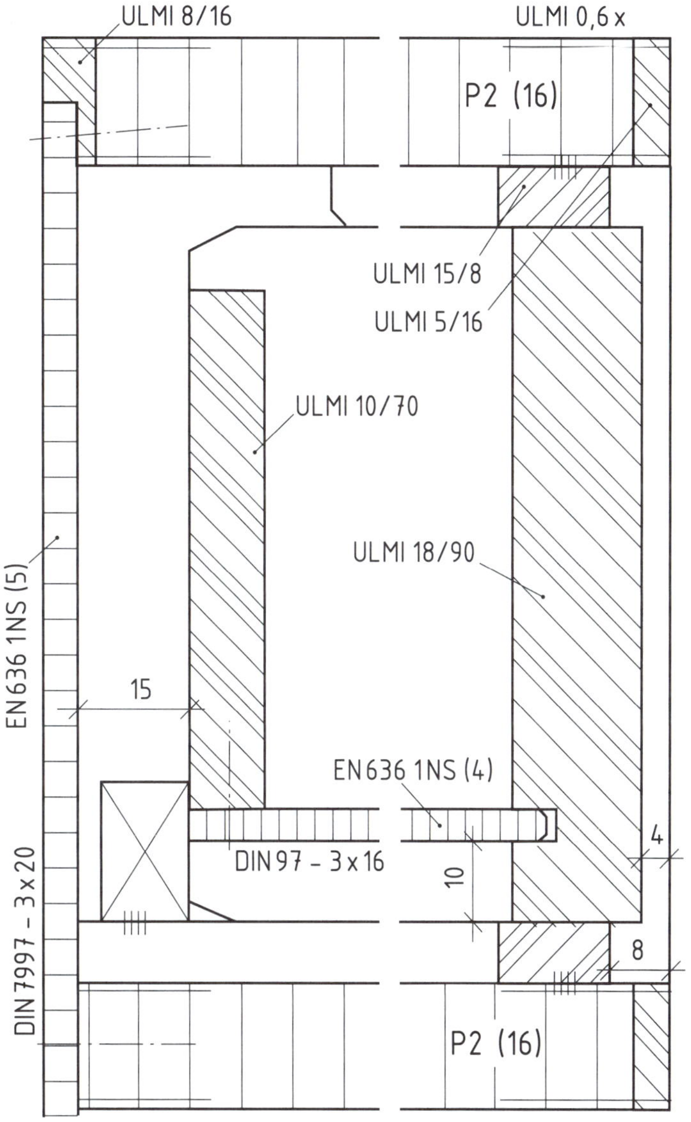

B–B

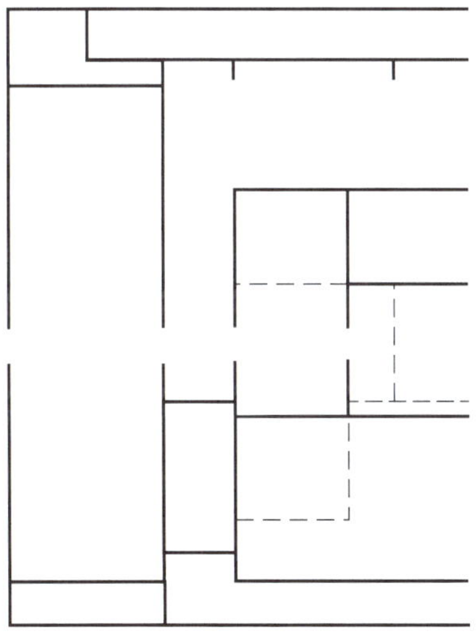

A–A

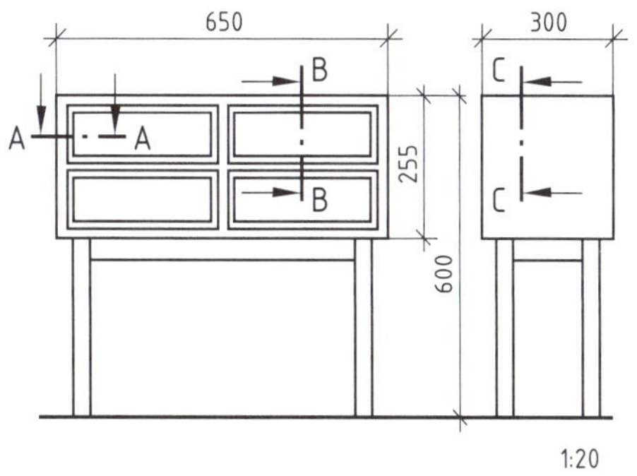

5.5 Anschlagarten und Möbelhänge			
Name:	Klasse:	Datum:	Blatt 1/4

Topfscharniere

1. Aus welchen Elementen bestehen Topfscharniere?

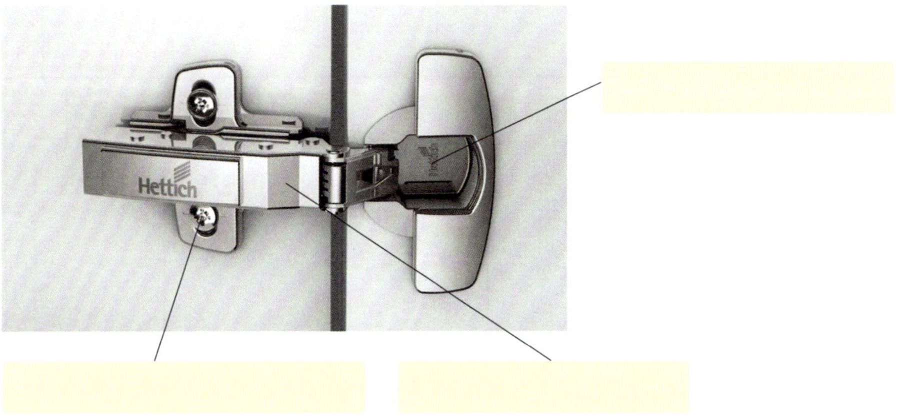

2. Die Justierung erfolgt in unterschiedlichen Richtungen über Stellschrauben an Montageplatte und Gelenkarm.
Beschriften Sie die Abbildung, indem Sie die möglichen unterschiedlichen Justierungen eintragen.

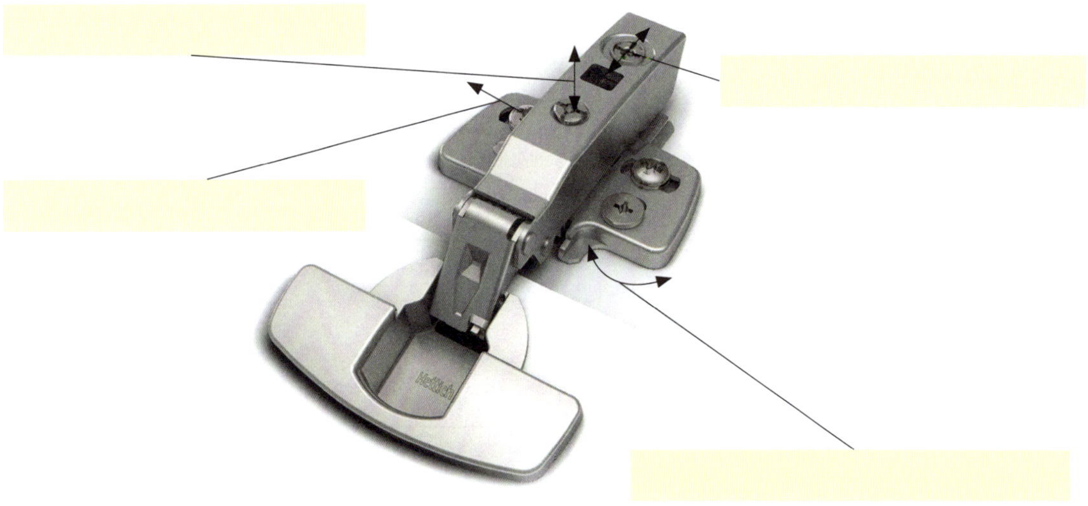

3. Von welchen Faktoren ist die Anzahl der Topfscharniere pro Tür abhängig?

4. Nennen Sie mindestens zwei Varianten von Topfscharnieren.

5.5 Anschlagarten und Möbelhänge

Name:	Klasse:	Datum:	Blatt 2/4

1. Bezeichnen Sie die Teile eines Hängs (Zylinderband).

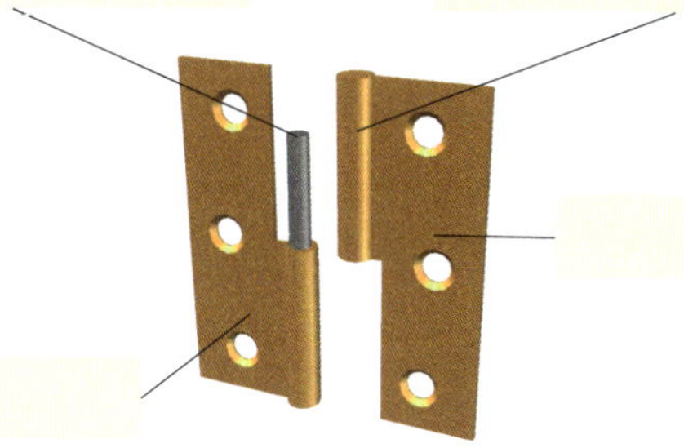

2. Zeichnen Sie das Möbelband in die jeweilige Teil-Schnittzeichnung ein.

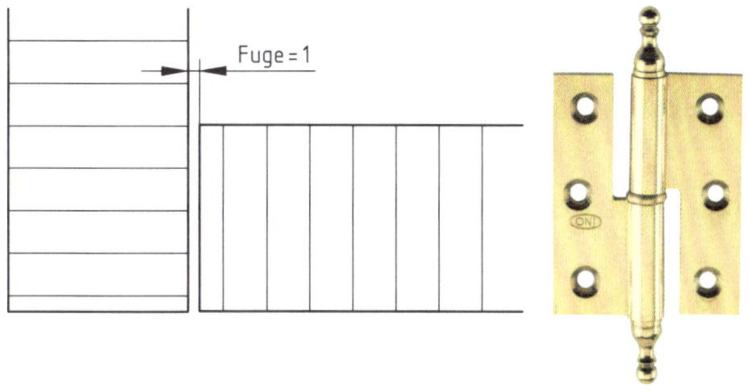

Häng Form A

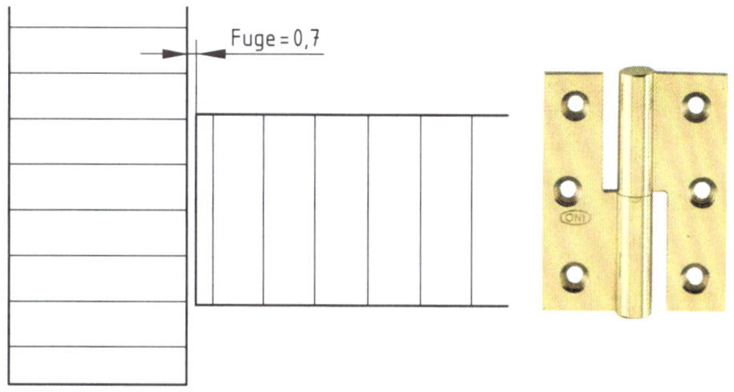

Häng Form C

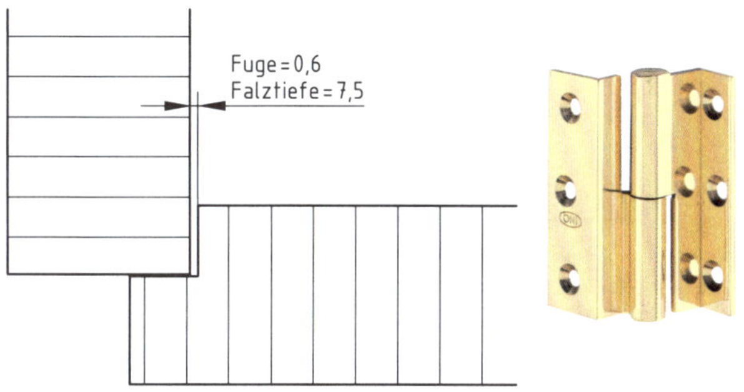

Häng Form D

Winkel**band**

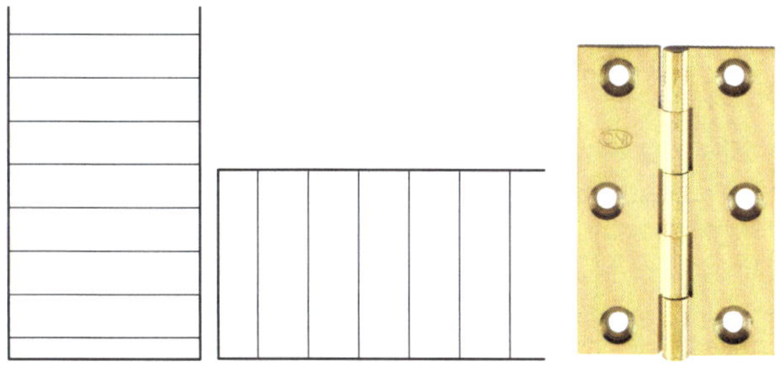

Scharnier Form E

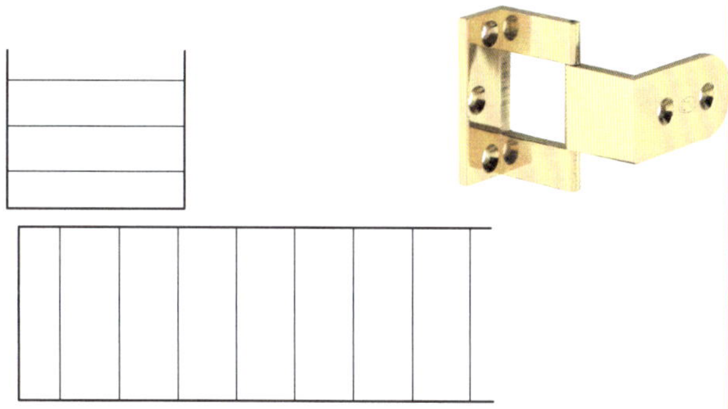

Winkelscharnier

5.5 Anschlagarten und Möbelhänge			
Name:	Klasse:	Datum:	Blatt 3/4

1. Ergänzen Sie die Teilschnittzeichnungen, indem Sie das Möbelband und die Schraffur einzeichnen.

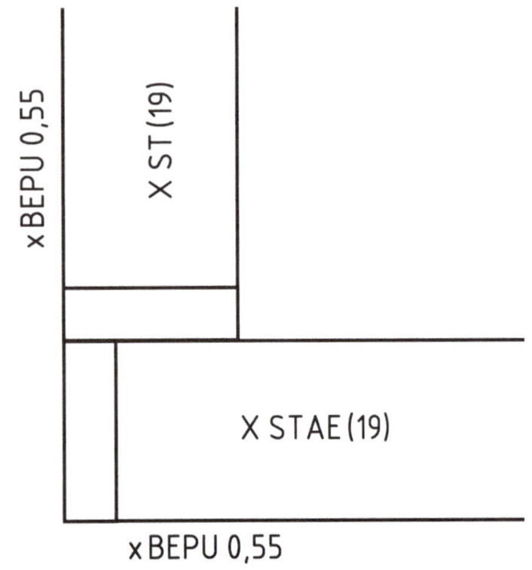

1 Zylinderband Form (Kröpfung) A
Scharniere Form E

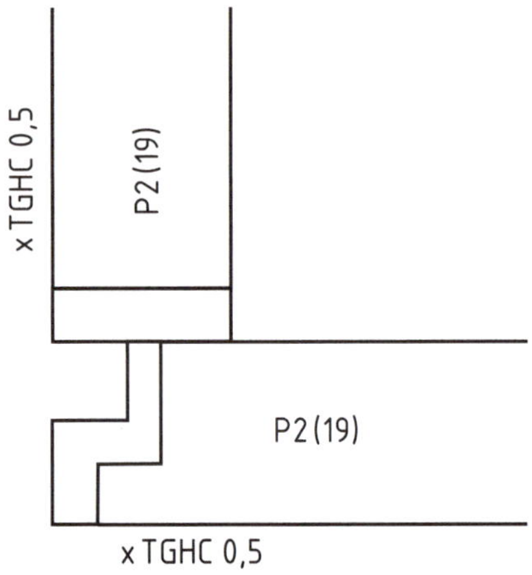

2 Zylinderband Form (Kröpfung) B
Scharniere Form F

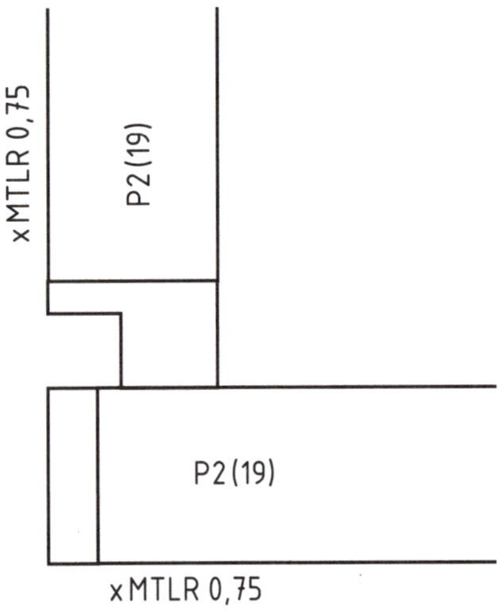

3 Zylinderband Form (Kröpfung) C
Scharniere Form F

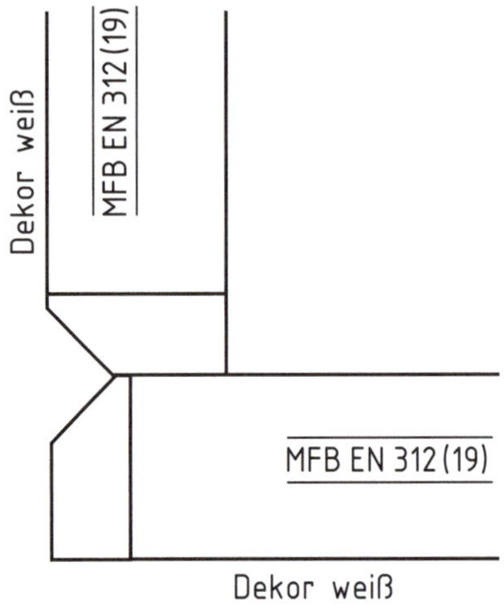

4 Einbohrband

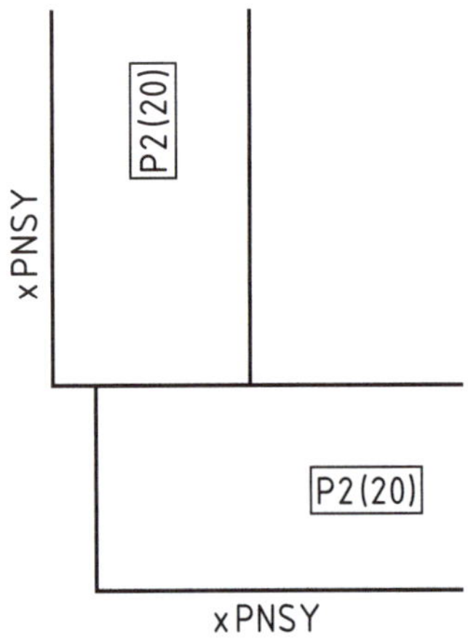

5 Winkelband Form (Kröpfung) L

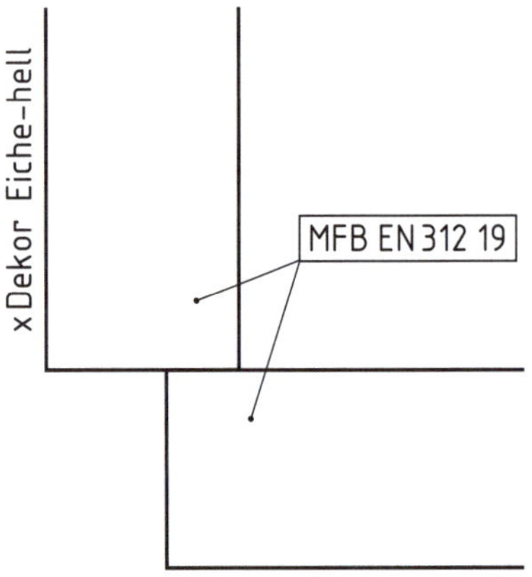

6 Klobenband als Einbohrband

5.5 Anschlagarten und Möbelhänge

Name:	Klasse:	Datum:	Blatt 4/4

1. Ergänzen Sie die Teilschnittzeichnungen A-A, indem Sie das Möbelband und die Schraffur einzeichnen.

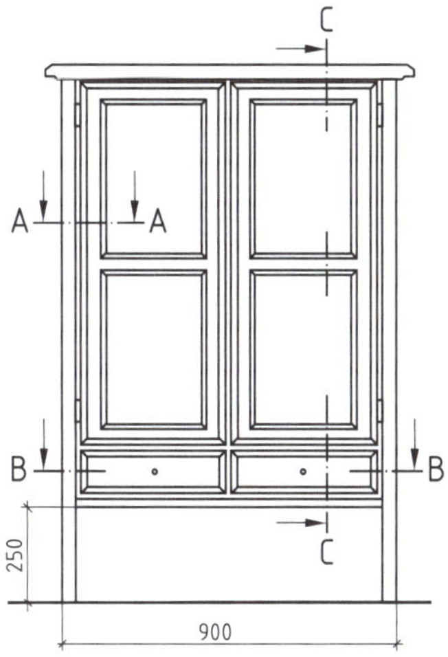

A–A

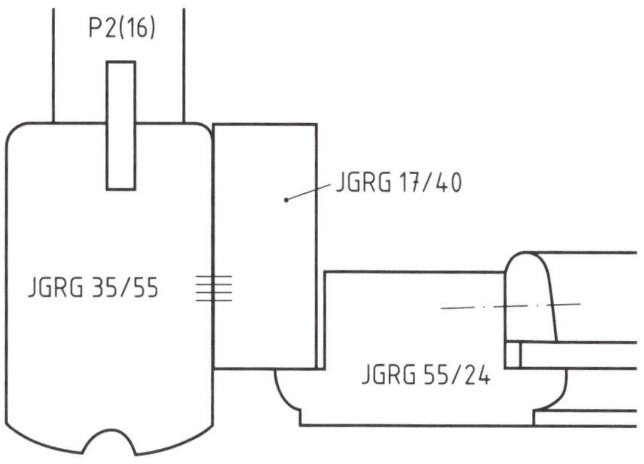

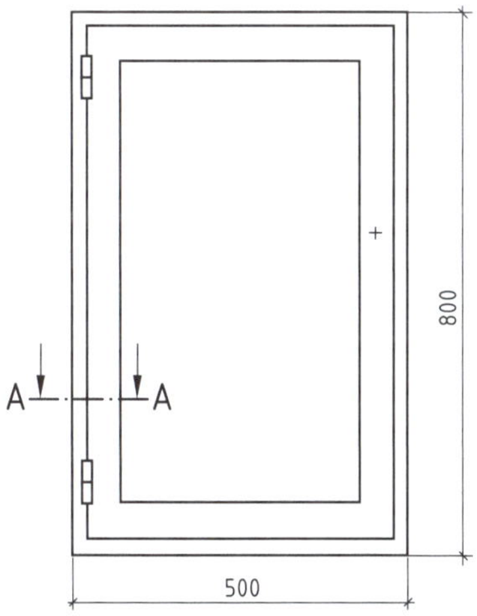

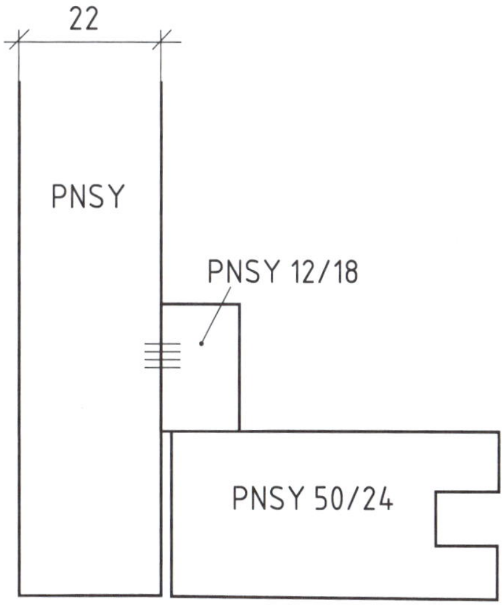

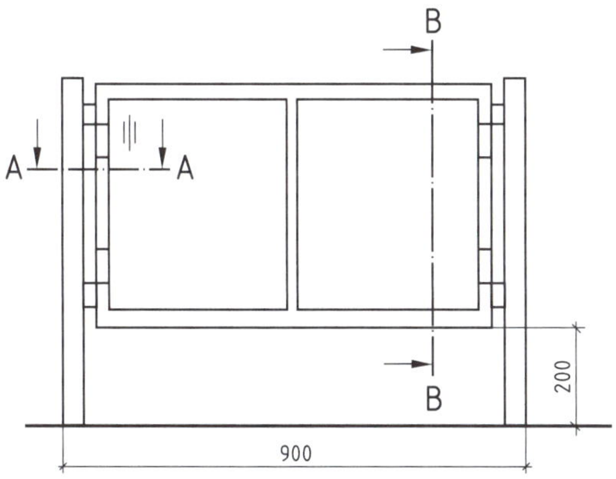

A–A

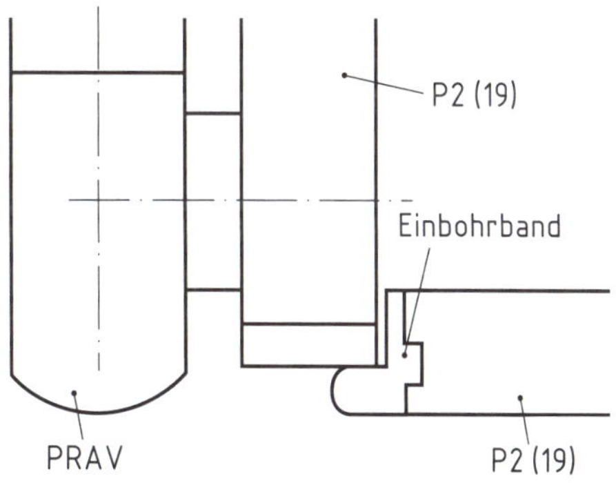

5.6 Möbelschlösser

Name:	Klasse:	Datum:	Blatt 1/3

1. Der Abstand von der Vorderkante des Stulps bis zum Zentrum des Dorns bezeichnet das ______________.

2. Wo befinden sich Riegel, Kasten, Dorn und Stulp und das Dornmaß?

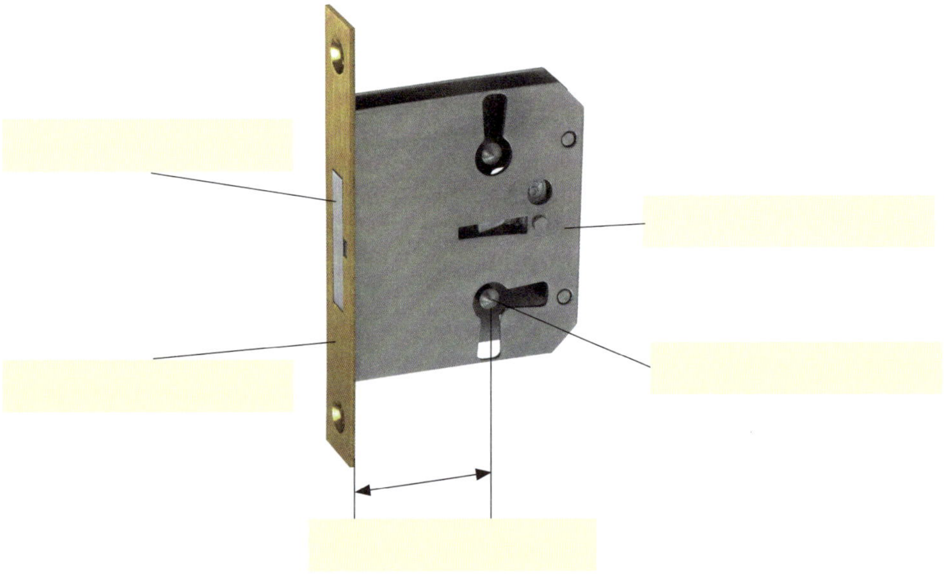

3. Wie werden die dargestellten Möbelschlösser bezeichnet, montiert bzw. eingearbeitet?

Name:	Klasse:	Datum:	Blatt 2/3

1. Zeichnen Sie das vorgegebene Schloss in die Teilschnittzeichnung.

Drehstangenschloss

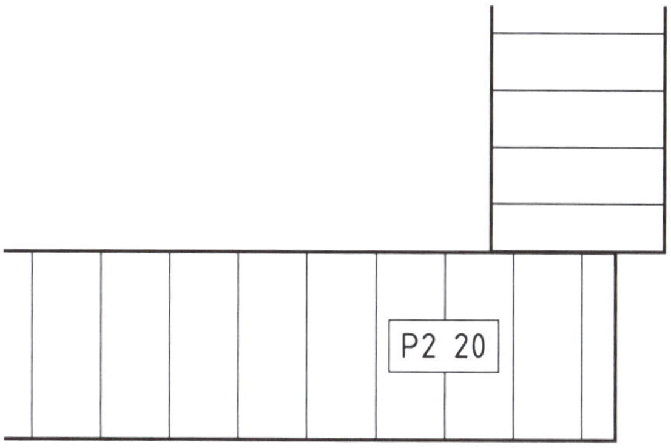

Einbohrschloss

2. Zeichnen Sie den vorgegebenen Mittelanschluss in die Teilschnittzeichnung.

Schattennut mit
Kunststoffschlagleiste
und Stangenschloss

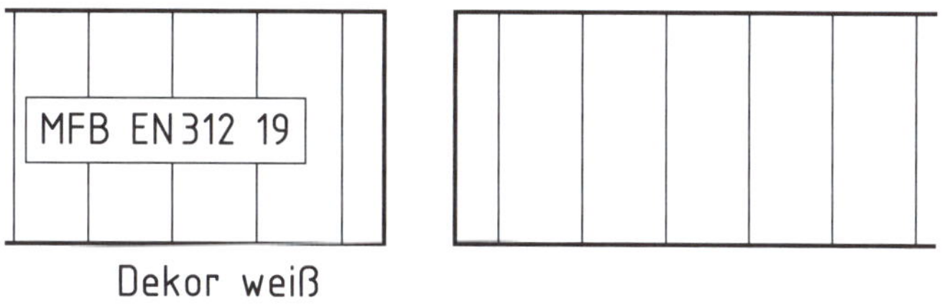

Haarfuge mit Schlagleiste,
Schubriegel und
Aufschraubschloss

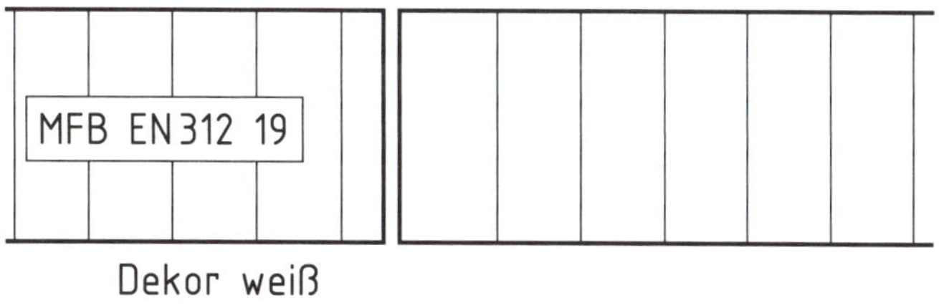

Name:	Klasse:	Datum:	Blatt 3/3

1. Entscheiden Sie sich jeweils für einen Beschlag und zeichnen Sie diesen ein. Ergänzen Sie zudem die Schraffuren.

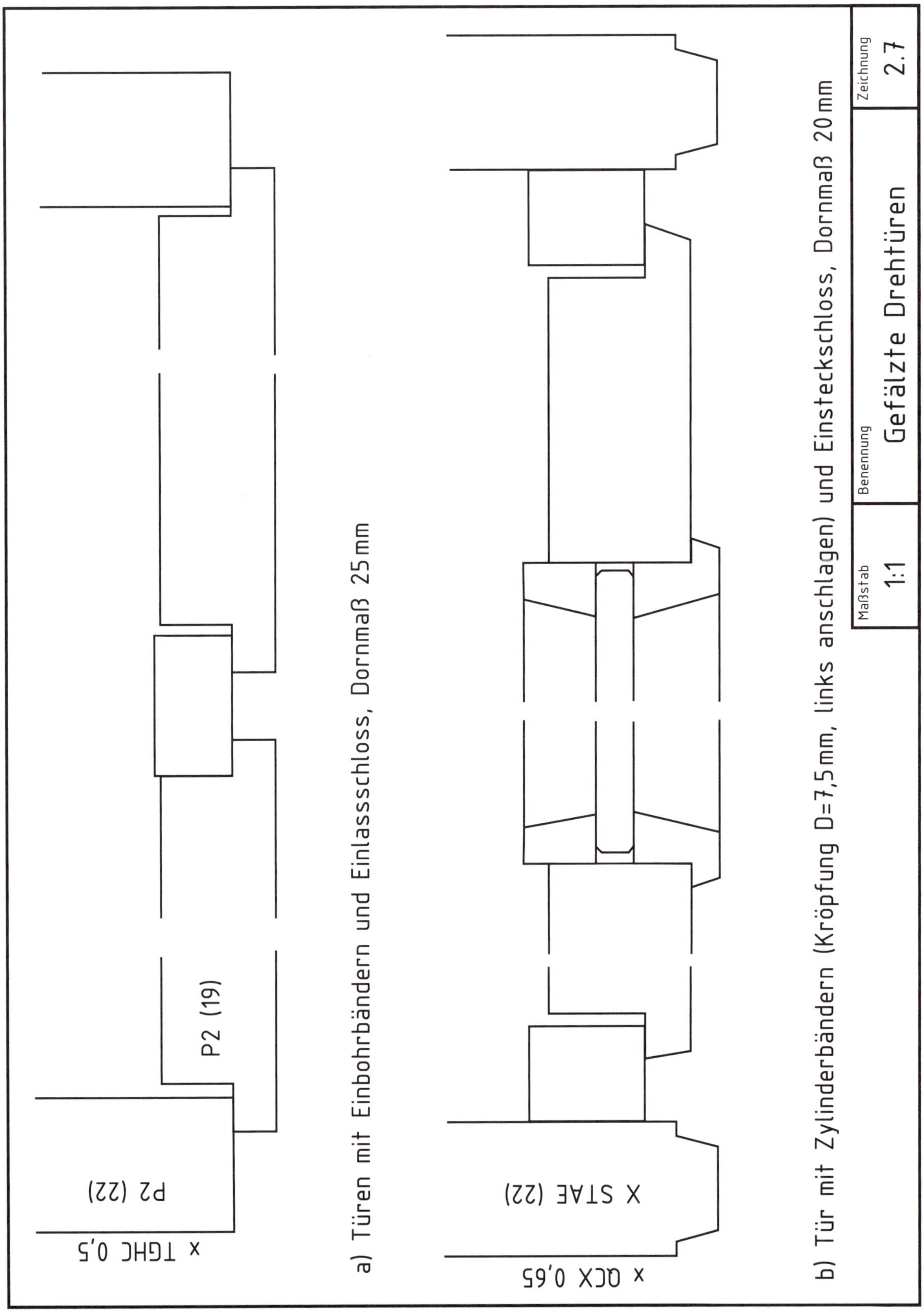

5.7 Systemmöbel

Name:	Klasse:	Datum:	Blatt 1/2

1. Vervollständigen Sie den Satz.

Häufig liegt den Systemmöbeln ein ______ zugrunde, welches die möglichen Höhen, Breiten und Tiefen eines Möbels angibt.

2. Systemmöbel werden i. d. R. als zerlegbare Möbel geplant. Welche Vorteile ergeben sich dadurch?

3. Es werden zwei Konstruktionssysteme nach Norm unterschieden. Welche sind es? Tragen Sie diese unter die jeweilige Abbildung ein.

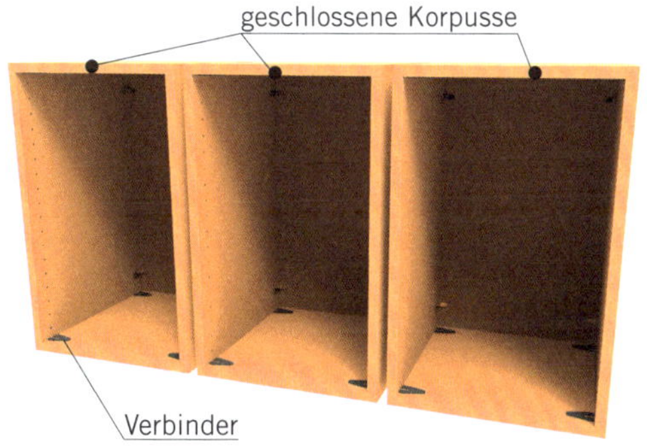

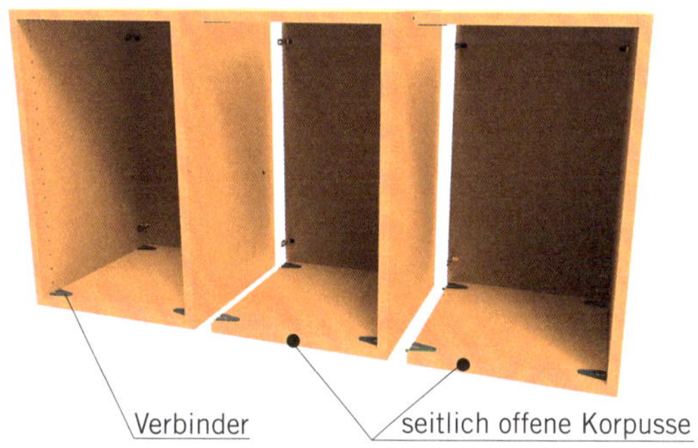

4. Nennen Sie mindestens drei Vorteile, die sich durch den Einsatz von Rastersystemen ergeben.

5. Wie wird das Maß zwischen den Bohrungen der Lochreihen bei Rastersystemen bezeichnet?

6. Bei konsequenter Anwendung werden für einen Schrank nur vier verschiedene Bauelemente benötigt. Nennen Sie diese.

7. Welches ist das am meisten angewendete Rastersystem bei Möbelkorpussen?

5.7 Systemmöbel			
Name:	Klasse:	Datum:	Blatt 2/2

1. Geben Sie die fehlenden Rastermaße (System 32) an.

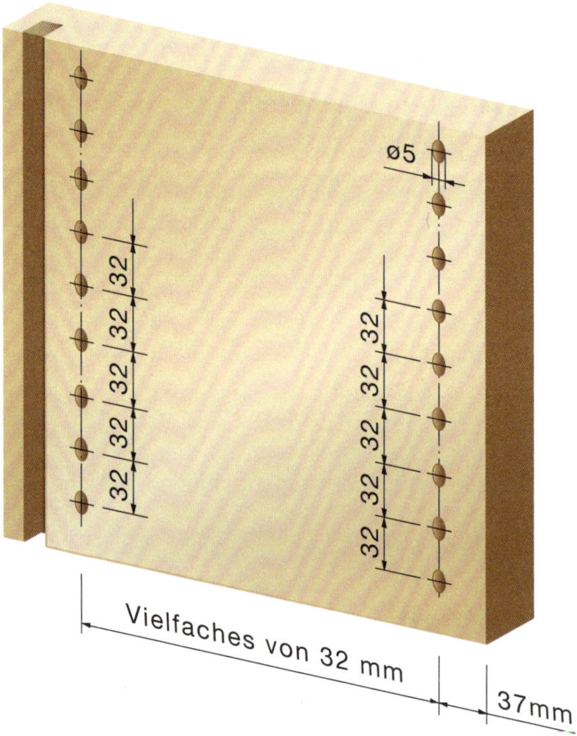

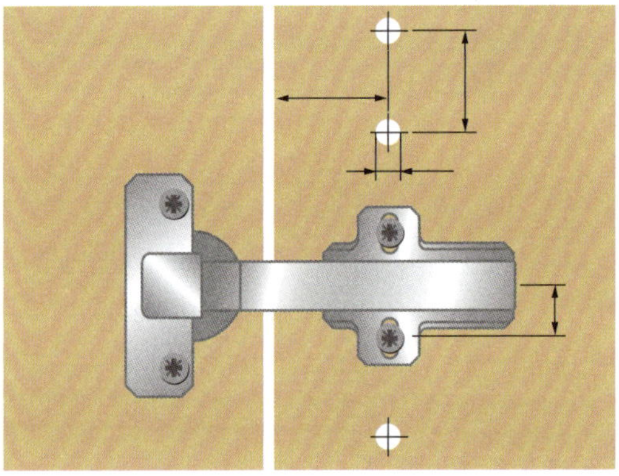

2. Die Breite der Korpusseite beträgt 530 mm. Wie groß ist der Abstand der hinteren Lochreihe zur hinteren Kante der Korpusseite?

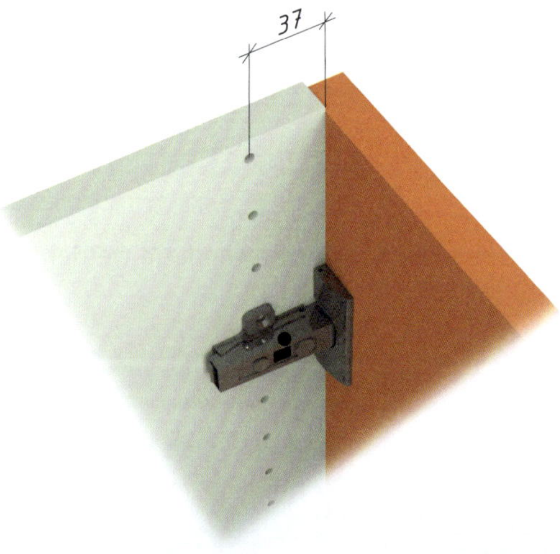

5.8 Möbelstatik

Name:	Klasse:	Datum:	Blatt 1/4

1. Insbesondere bei Systemmöbeln gilt, die sich übertragenden Kräfte zu berücksichtigen. In welcher Weise nimmt der dargestellte Schrank die aktiv wirkenden Kräfte (rot) auf? Zeichnen Sie die Reaktionskräfte in einer anderen Farbe ein.

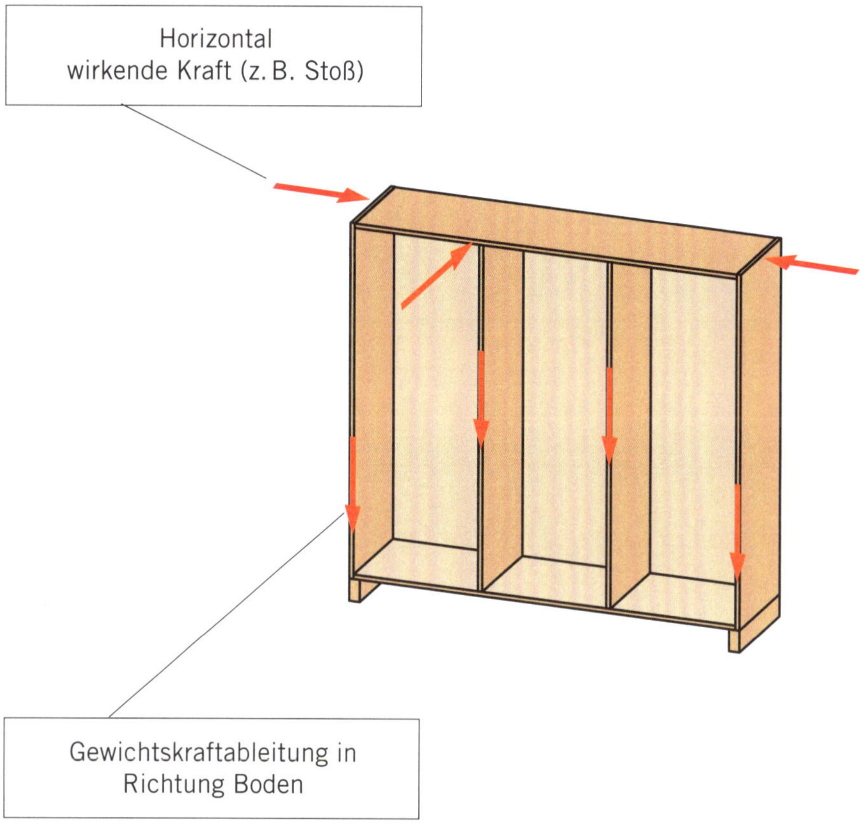

2. Begründen Sie, warum der Abstand der Schrankwand von einer Außenwand mindestens 4–5 cm betragen soll?

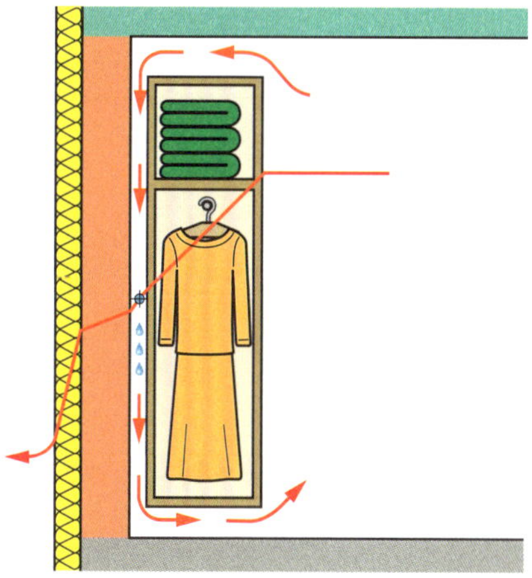

Name:	Klasse:	Datum:	Blatt 2/4

1. Wie lautet die Definition des Begriffes „E-Modul"?

2. a) Mit welcher Kraft F_1 kann die Kante der Tischplatte höchstens vertikal belastet werden, ohne zu kippen?
b) Wie viel kg entspricht dies?

geg.: Gewichtskraft Platte $F_{g1} = 200$ N
Gewichtskraft Säule $F_{g2} = 60$ N
Gewichtskraft Fuß $F_{g3} = 200$ N

ges.: F_g, F_1

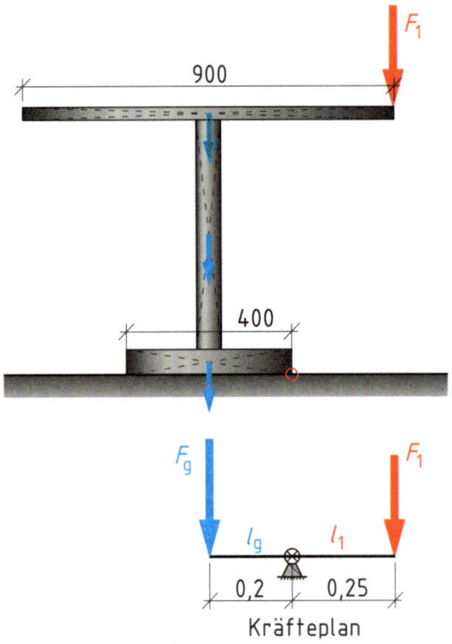

Lösung:

3. Welche horizontale Kraft muss das obere Türband aufnehmen? (Masse des Türblattes = 40 kg)

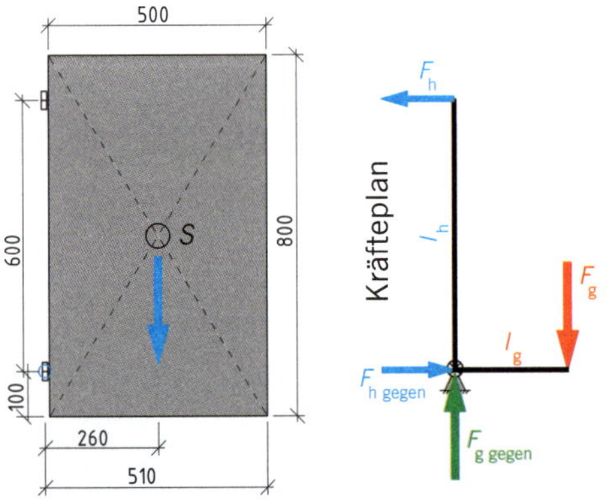

Lösung:

Name:	Klasse:	Datum:	Blatt 3/4

1. Ein Möbelboden (Spanplatte P2 nach EN 312 – 16 mm – Plattenbreite 35 cm) ist vollständig mit Aktenordnern belastet. Ist die Platte dick genug ausgelegt, um das Gewicht der Aktenordner zu tragen? Sollte es nicht der Fall sein, dann geben Sie bitte eine geeignete Plattendicke an.

Situation

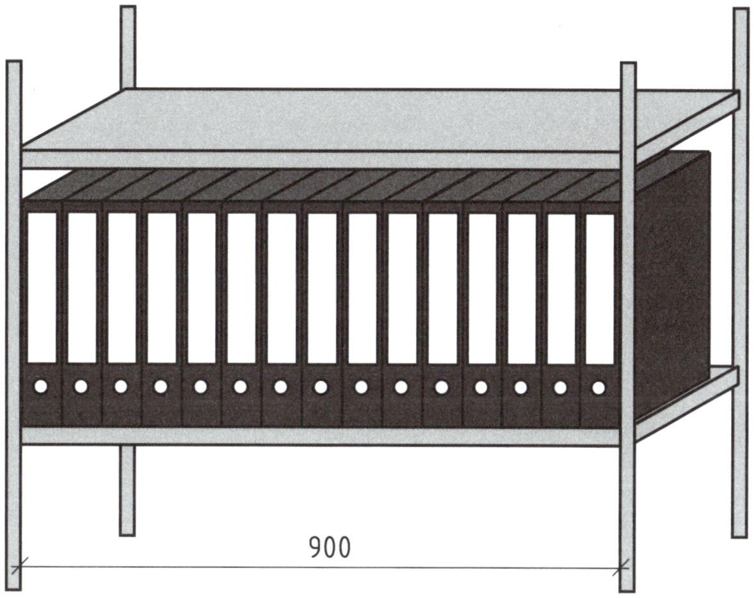

Statisches System

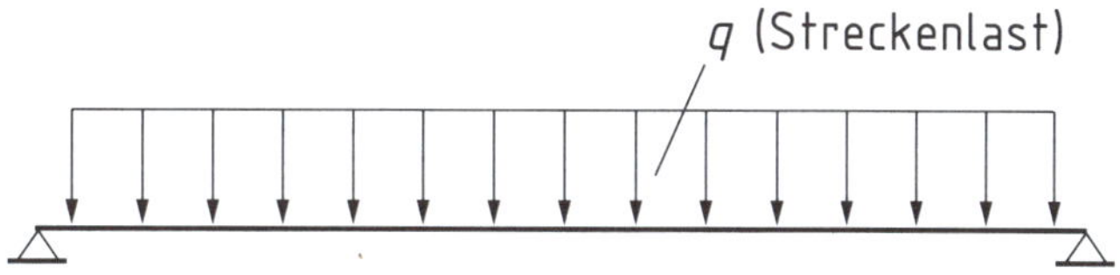

Formel für die Durchbiegung

$$w_d = \frac{5}{384} \cdot \frac{q \cdot l^4}{E \cdot I_y}$$

Bemessungswerte (Tabellenbuch S. 60)

- $E = 2900\ \text{N/mm}^2$
- Flächenlast $q = 125\ \text{kg/m}^2$ entspricht $0{,}00125\ \text{N/mm}^2$

  <u>Umrechnung zur Streckenlast in N/mm:</u>

  $q = 0{,}00125\ \text{N/mm}^2 \cdot 350\ \text{mm} = 0{,}4375\ \text{N/mm}$

- *maximale Durchbiegung (Möbelböden)*

  $W_d = \frac{l}{100} = \frac{\mathbf{900\ mm}}{\mathbf{100}} \mathbf{= 9\ mm}$

5.8 Möbelstatik

Name:	Klasse:	Datum:	Blatt 4/4

Berechnung des Trägheitsmomentes I_y

Berechnung der Durchbiegung w_d mit einer Plattenstärke von 16 mm

$$w_d = \frac{5}{384} \cdot \frac{\quad \cdot \quad}{\quad \cdot \quad} = \_\_\_\_\_\_$$

○ **ausreichend**
○ **nicht ausreichend**

Berechnung w_d mit einer Plattenstärke von 19 mm

$I_{y\,(19)} =$

$w_{d\,(19)} = \frac{\quad}{\quad} =$

○ **ausreichend**
○ **nicht ausreichend**

5.9 Gestaltung

Name:	Klasse:	Datum:	Blatt 1/14

Nutzermaße erkennen

1. Tragen Sie die fehlenden Maße in den Abbildungen ein. Vergleichen Sie ihre Maße auch mit denen ihres Nachbarns/ihrer Nachbarin.

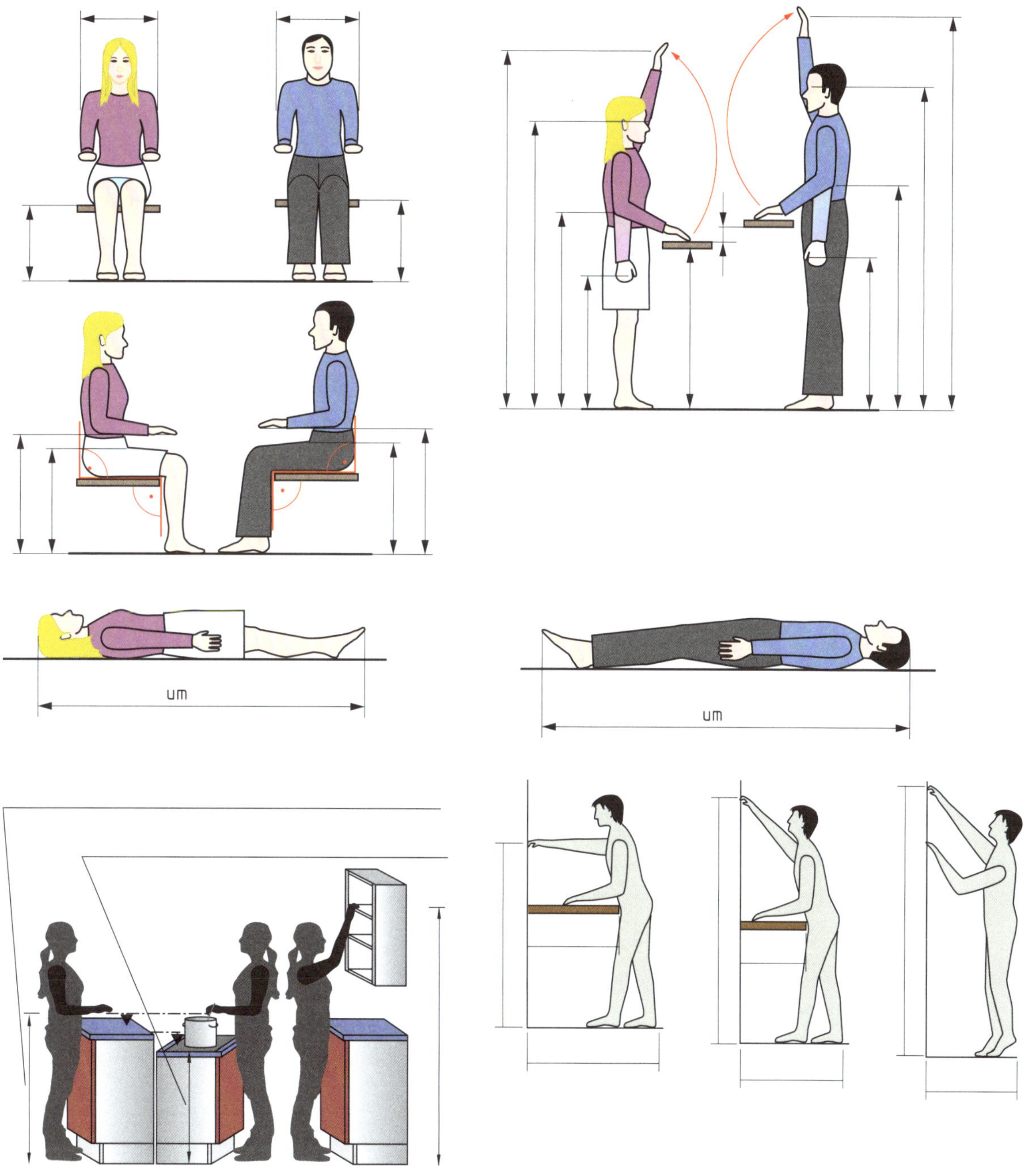

2. Begründen Sie, warum sich Möbelmaße in den letzten Jahren geändert haben.

5.9 Gestaltung

Name:	Klasse:	Datum:	Blatt 2/14

Gestaltungsbegriff

1. Erstellen Sie ein Mindmap zur Frage: „Was ist Gestaltung?“

2. Geben Sie Beispiele für harmonische und unharmonische Momente an.

3. Versuchen Sie zu begründen, warum Sie so wie in Aufgabe 2 angegeben empfinden.

4. Diskutieren Sie allgemeine Kriterien für den Begriff „Harmonie“.

5.9 Gestaltung

Name:	Klasse:	Datum:	Blatt 3/14

Formempfindung

1. Die Gestaltung von Möbeln strebt den harmonischen Ausgleich an.
Welche der beiden Dreieckformen von gleich großen Flächen wirkt stabiler?
Begründen Sie Ihre Aussage.

2. Beschreiben Sie stichwortartig die Wirkung der jeweiligen Grundform.

3. Zeichnen Sie die jeweiligen Schwerpunktlagen ein.

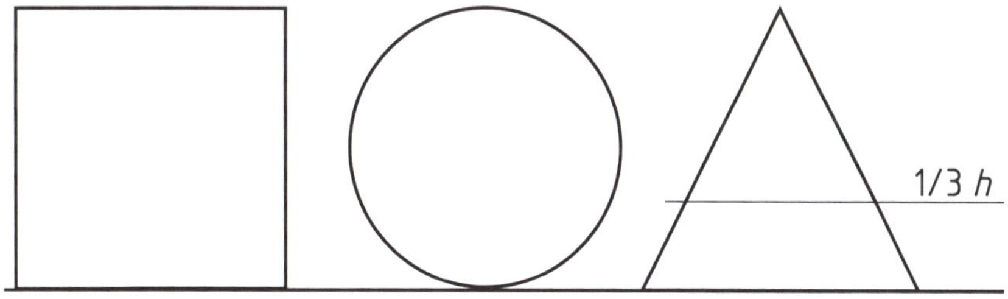

4. Bei zusammengesetzten Flächen z. B. einem Schrank und einem Hängeschrank wandert die Gesamtschwerpunktlage. Zeichnen Sie die ungefähre Schwerpunktlage ein.

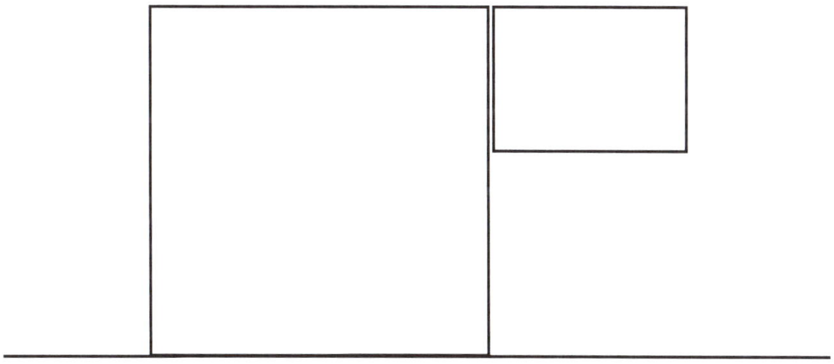

5.9 Gestaltung

Name:	Klasse:	Datum:	Blatt 4/14

Formempfindung

1. Welche der drei Rechteckformen (z. B. Schrankfronten) wirkt auf Sie am stabilsten? Begründen Sie ihre Entscheidung.

2. Welche Wirkung erzielt das linke bzw. das rechte Rechteck?

3. Welche Wirkung erzielt das linke bzw. das rechte Rechteck?

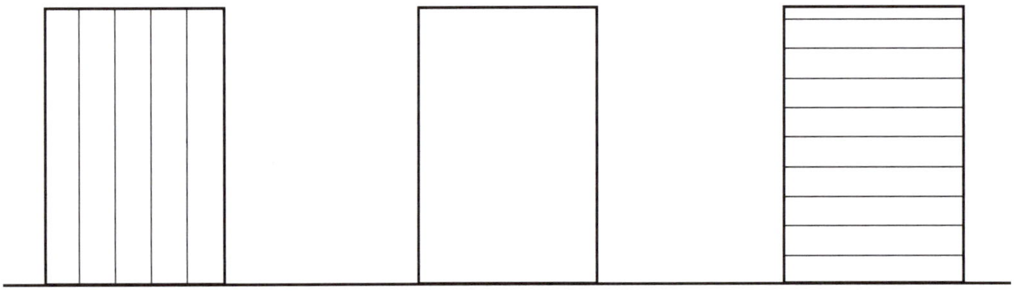

5.9 Gestaltung

Name:	Klasse:	Datum:	Blatt 5/14

Farbempfindung

1. Farbkreis: Primär- und Sekundärfarben
a) Füllen Sie die drei größeren Rechteckformen mit den Grundfarben.
Ergänzen Sie anschließend die Komplementärfarben in den drei kleineren Rechteckformen.
b) Stellen Sie mithilfe von Pfeilen die Farben dar, die sich im Farbkreis als Komplementärfarben gegenüber liegen.

2. Ergänzen Sie Ihre Farbempfindung.

3. Geben Sie Beispiele an, welche Schwerpunktfarbe Sie für die jeweiligen Räume einsetzen würden und begründen Sie Ihre Farbwahl.

Rechtsanwaltskanzlei:

Arztpraxis:

Teeladen:

Friedhofkapelle:

Leseraum:

5.9 Gestaltung			
Name:	Klasse:	Datum:	Blatt 6/14

Farbempfindung

1. Welcher der dargestellten Quader wiegt schwer, welcher leicht?

2. Welches Auto fährt am schnellsten, welches am langsamsten?

3. Welche Wirkung erzielen die grauen Innenflächen?

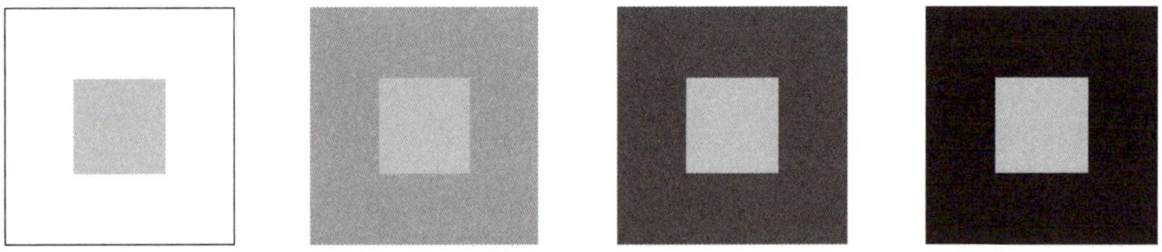

4. Welche Wirkungen erzeugen bei Ihnen die Kreise und warum?

Farbempfindung

1. Auch Hölzer haben Farben. Welche Grundfarben haben die folgenden Hölzer?

2. Welche Rahmen passen?

☐

☐

☐

☐

☐

5.9 Gestaltung

Name:	Klasse:	Datum:	Blatt 8/14

Möbelfronten und Goldener Schnitt

1. Beschreiben Sie die dargestellte Möbelfront. Wie wirkt die Flächenaufteilung auf Sie?

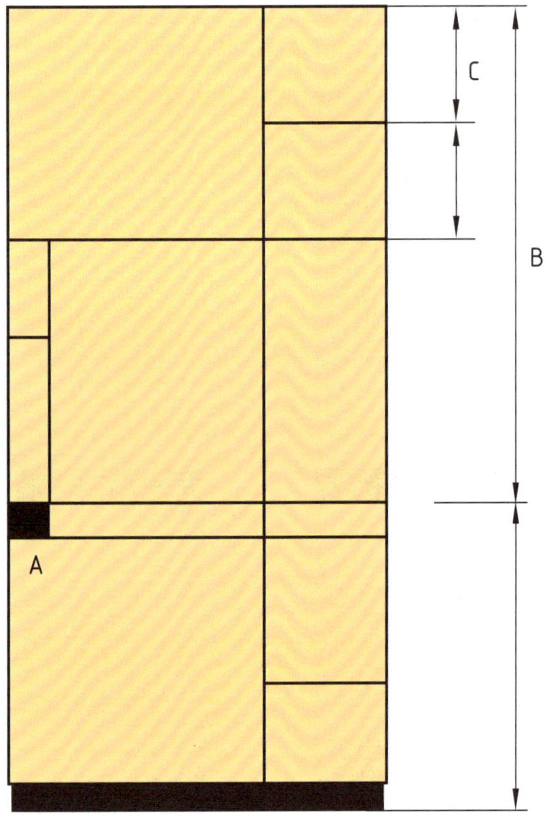

2. Teilen Sie die Strecke AB im Verhältnis des Goldenen Schnittes.
Auf der rechten Seite soll der Minor (m) liegen.

Name:	Klasse:	Datum:	Blatt 9/14

Goldener Schnitt

1. Die dargestellte Anrichte soll im Verhältnis 5 (Korpus) : 3 (Fußlänge) in der Höhe aufgeteilt werden. Lösen Sie die Aufgabe zeichnerisch.

a) Die Möbelfront soll anschließend in drei senkrechte Einzelflächen nach dem Goldenen Schnitt unterteilt werden (1 : 1,618 : 1).

b) Im linken Teil (Teilung mit Hilfe des Goldenen Schnittes) sollen im oberen Bereich (m) zwei Schubkästen liegen.
Im rechten Teil halbieren Sie die Höhe. Den oberen Bereich halbieren Sie nochmals. Vergleichen Sie die optische Wirkung beider Seiten.

c) Zudem sollen jeweils zwei Möbelknöpfe im Verhältnis des Goldenen Schnittes auf dem Schubkastenaufdecken angeordnet werden.

d) Diskutieren Sie in der Klasse Ihre gestalterischen Empfindungen.

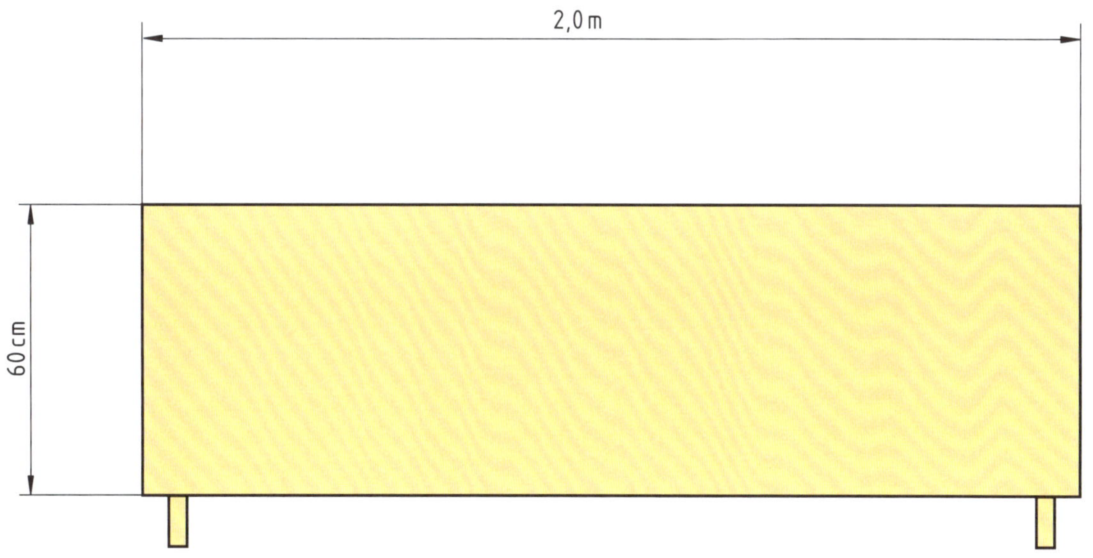

5.9 Gestaltung

Name:	Klasse:	Datum:	Blatt 10/14

Raumwirkung-Collagen

1. Materialcollagen, z. B. die eines Wohnraumes, verdeutlichen dem Kunden, wie seine Vorgaben umgesetzt wurden.

Stellen Sie selber Materialcollagen für … zusammen.

2. Stellen Sie ihre Material-Collagen Ihrer Klasse vor und diskutieren Sie diese mit ihren Mitschülern.

Name:	Klasse:	Datum:	Blatt 11/14

Gestaltungswirkung

1. Bewerten Sie das Möbel bezüglich seiner gestalterischen Form.

2. Bewerten Sie die Gestaltung der Hotelzimmerwand.

Name:	Klasse:	Datum:	Blatt 12/14

Räumliche Darstellungen – Zentralprojektion

1. Für räumliche Darstellungen werden unterschiedliche Konstruktionen angewendet.
Ergänzen Sie die rechte Raumseite und die Deckenvertäfelung (in der Draufsicht mit schwarzen Linien eingezeichnet) des in der Zentralprojektion konstruierten Ansichtsbildes. (Die Türoberkanten liegen auf der gleichen Höhe wie die Fensteroberkanten.)

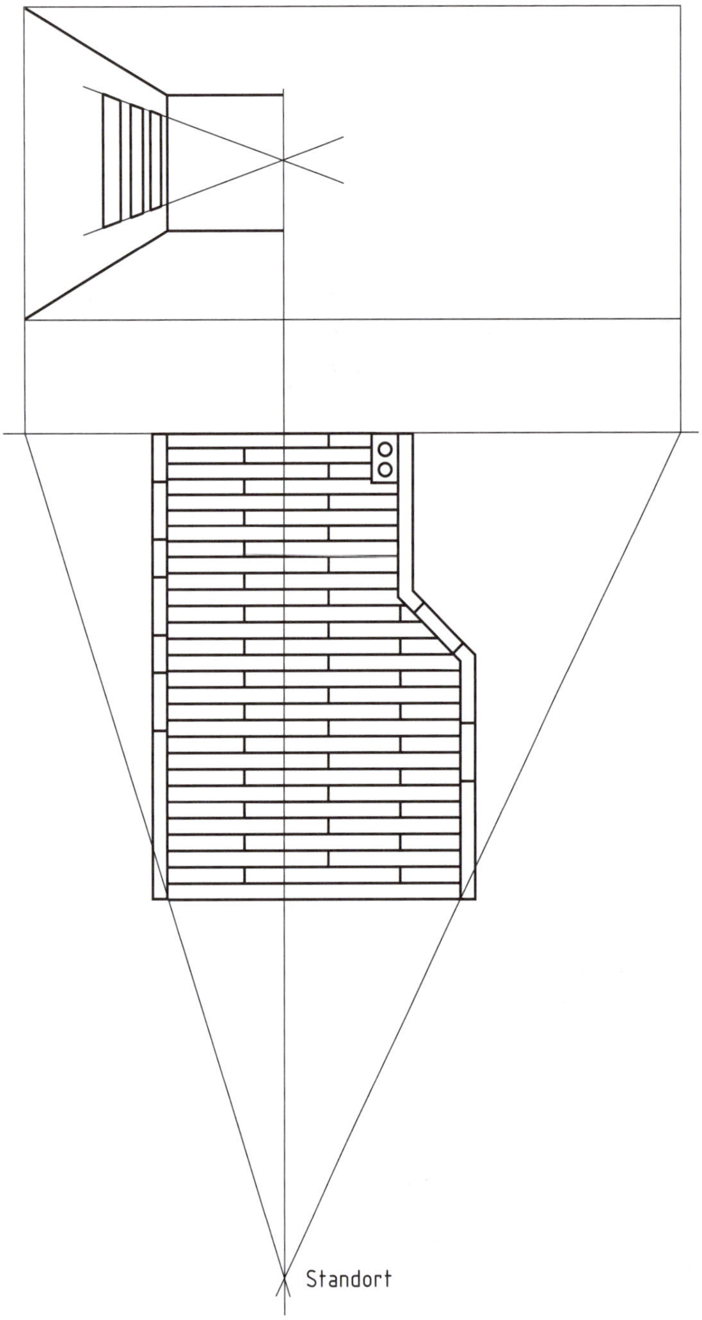

2. Beschreiben Sie die Wirkung der querlaufenden Decken-Vertäfelung.

Name:	Klasse:	Datum:	Blatt 13/14

Räumliche Darstellungen - Fluchtpunktprojektion

1. Im Gegensatz zur Zentralprojektion werden bei der Darstellung von Möbeln, um eine Tiefenwirkung zu erhalten, Fluchtpunktprojektionen verwendet.

Zentralprojektion

2-Fluchtpunktprojektion

Führen Sie die begonnene Fluchtpunkt-Konstruktion weiter. Zeichnen Sie auch die verdeckten Körperkanten ein.

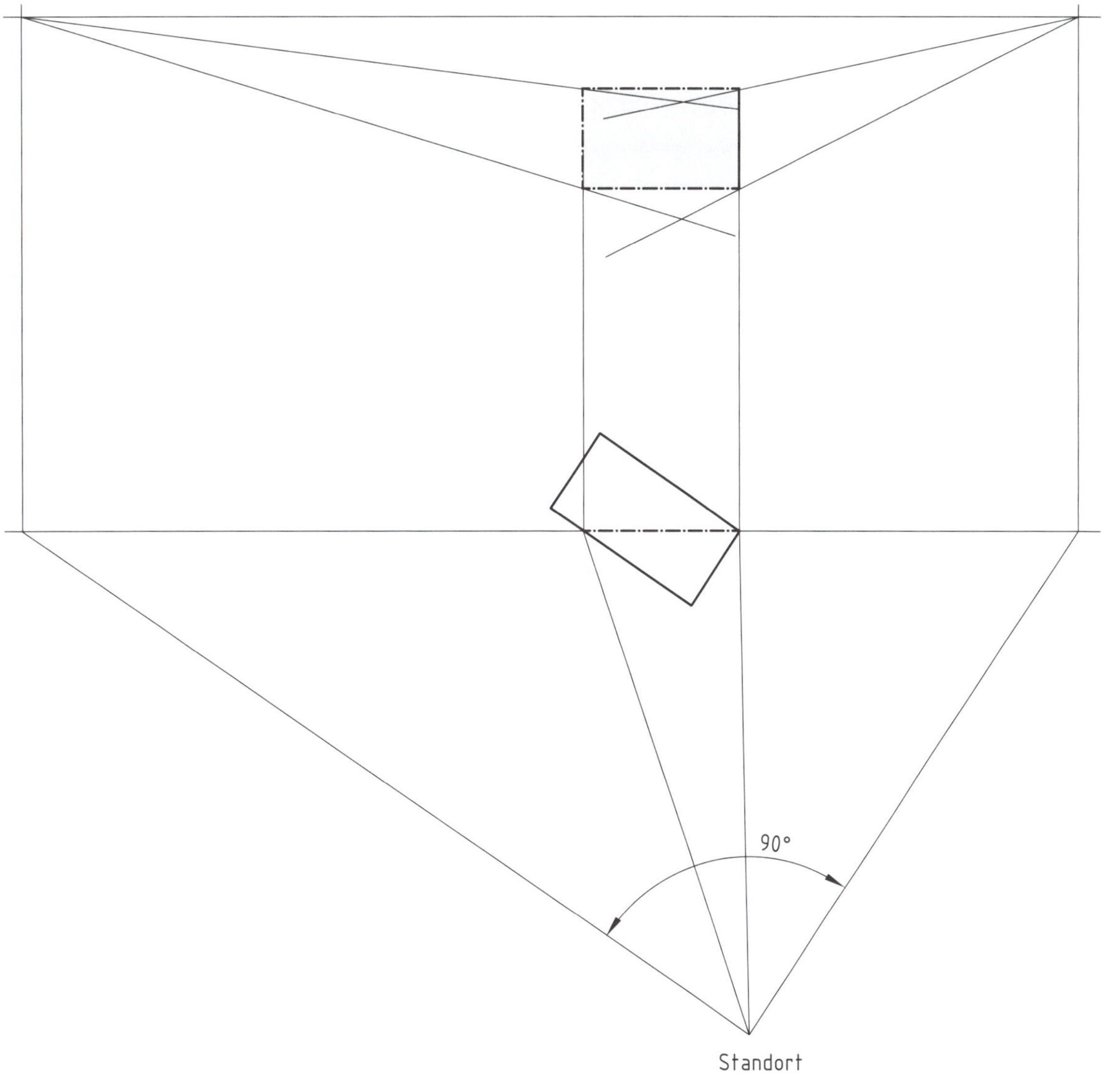

5.9 Gestaltung

Name:	Klasse:	Datum:	Blatt 14/14

Handlungsschritte

1. Erstellen Sie das Mindmap der **Handlungsschritte** zur Fertigung einer Anrichte.

(1)

(3)

(4)

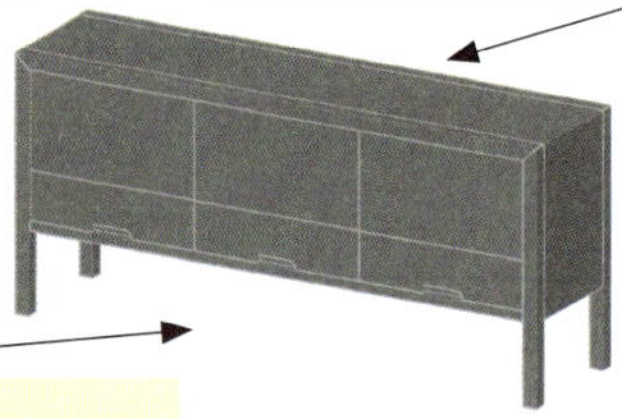

(6)

(5)

(2)

2. Sortieren Sie die Handlungsschritte, legen Sie eine mögliche Reihenfolge fest und nennen Sie einzelne Kriterien zu den Handlungsschritten.

(1)

(2)

(3)

(4)

(5)

(6)

6 Maßordnung im Hochbau

6.1 Baurichtmaß

Name:	Klasse:	Datum:	Blatt 1/1

1. Tragen Sie die Steinformate und die unterschiedlichen Maße ein.

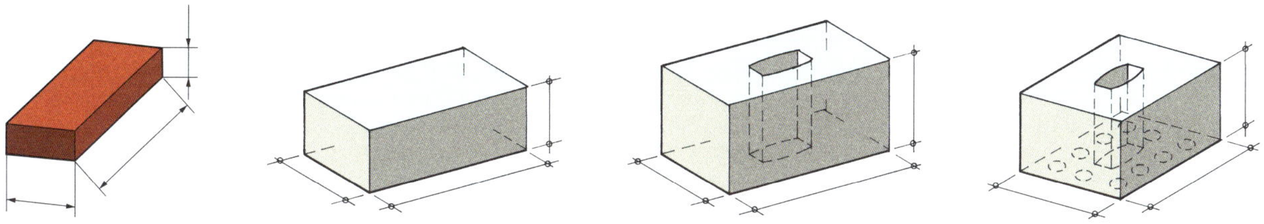

2. Was beschreibt das „Baurichtmaß“, das auch „1 Achtelmeter“ (1 am) genannt wird?

3. Ergänzen Sie die Maße in den Abbildungen.

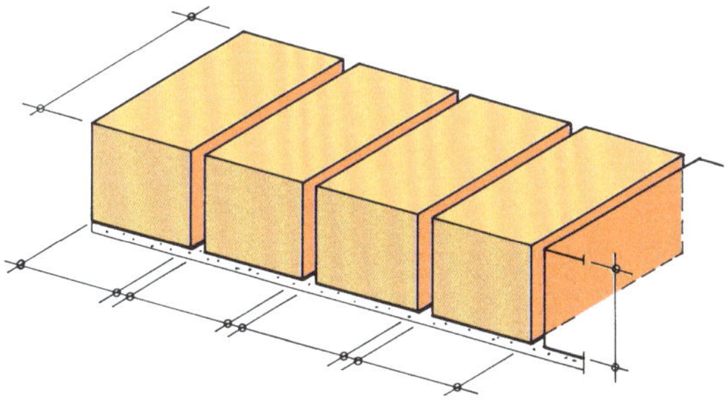

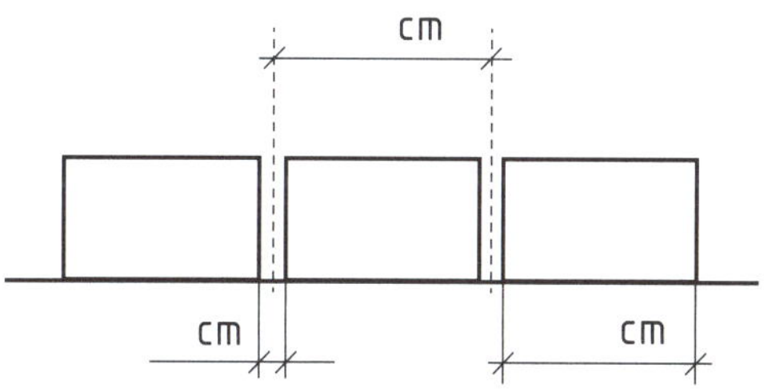

4. Ein Architekt plant ein Gebäude mit folgenden Baurichtmaßen. Geben Sie jeweils die Anzahl der Köpfe (Achtelmeter) an.

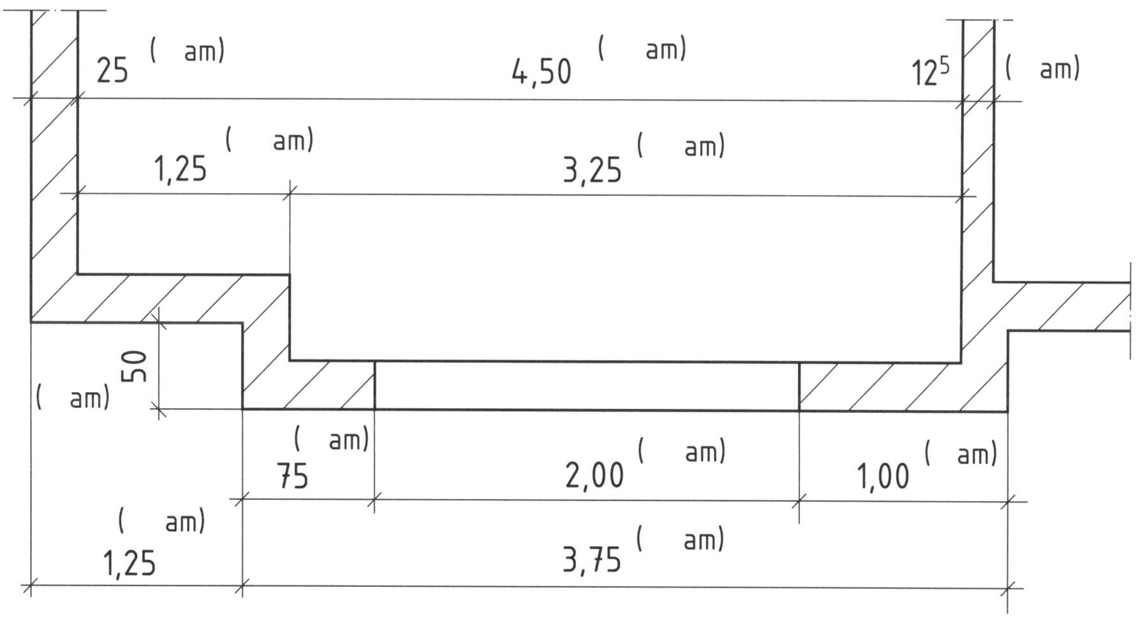

6.2 Nennmaß

Name:	Klasse:	Datum:	Blatt 1/1

1. Der Maurer arbeitet an der Baustelle nicht mit dem Baurichtmaß, sondern mit Nennmaßen.

a) Welche drei unterschiedlichen Nennmaße unterscheidet er?

b) Geben Sie jeweils ein Beispiel an und berechnen Sie das Nennmaß.

Bsp.:

Bsp.:

Bsp.:

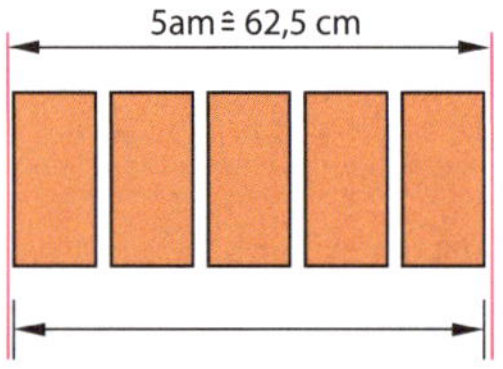

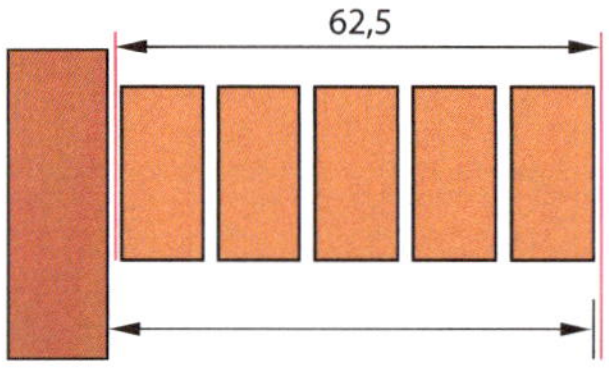

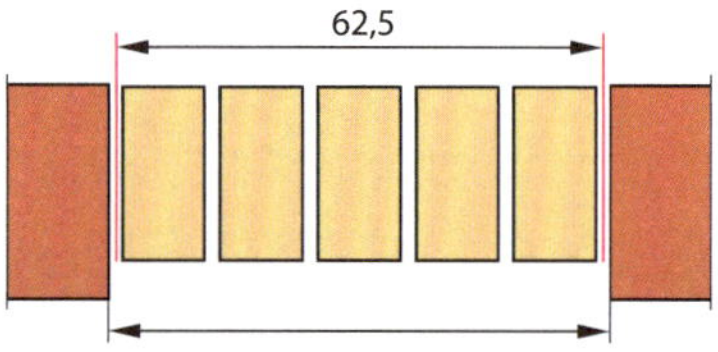

2. Tragen Sie die Nennmaße in die Bauzeichnung aus Aufgabe 3, Seite 61 ein.

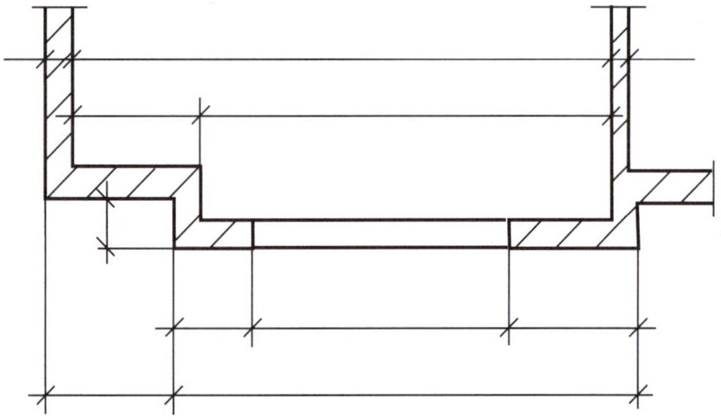

3. Geben Sie die Breiten-Nennmaße in cm für die Fenster- und Türöffnungen an.

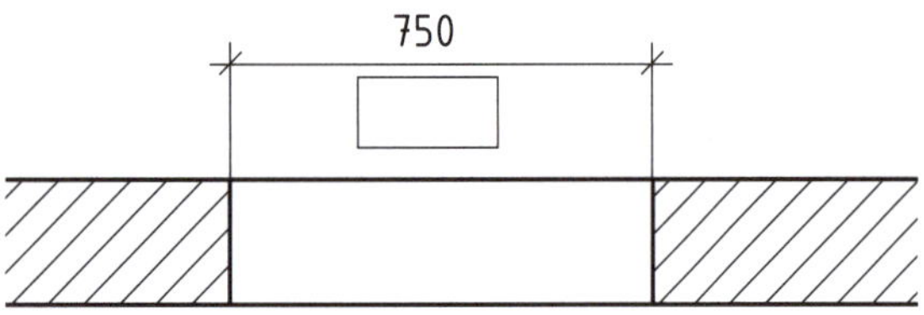

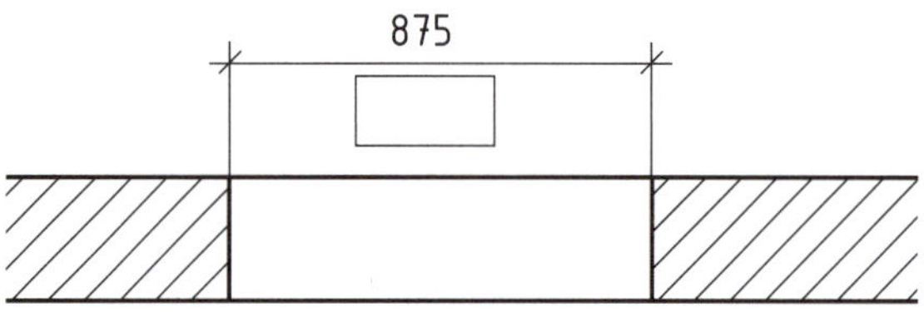

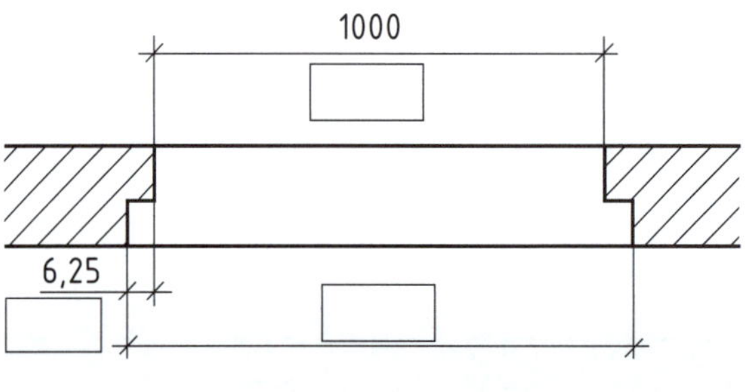

6.3 Türmaße

Name:	Klasse:	Datum:	Blatt 1/1

1. Auch die Höhenmaße in Bauzeichnungen basieren auf dem Baurichtmaß. Geben Sie die Bestellmaße von Innentüren aufgrund der jeweils vorgegebenen Nennmaße an.

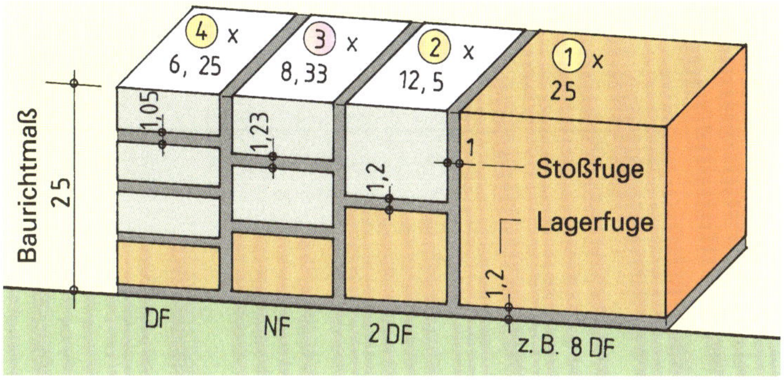

Lagerfugenstärken in Abhängigkeit der Steinhöhe

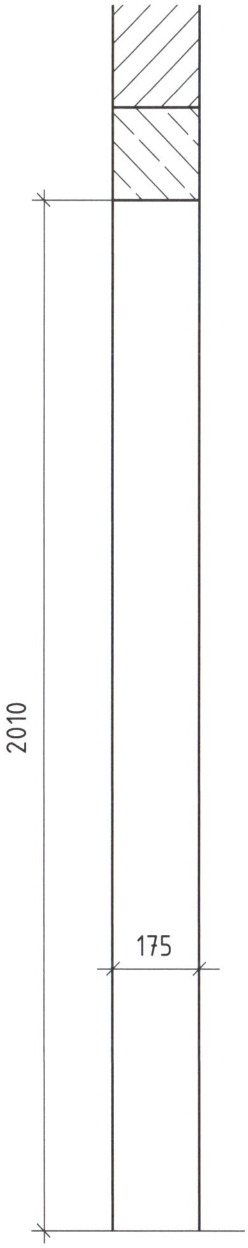

Breite: 88,5 cm
Höhe: 2,01 m
Wandstärke: 17,5 cm

Angaben:

Breite: 88,5 cm
Höhe: 2,01 m
Wandstärke: 24,0 cm

Angaben:

Breite: 1,01 m
Höhe: 2,01 m
Wandstärke: 17,5 cm

Angaben:

Name:	Klasse:	Datum:	Blatt 1/3

Raumwirkung

1. Beschreiben Sie stichwortartig die jeweilige Raumwirkung.

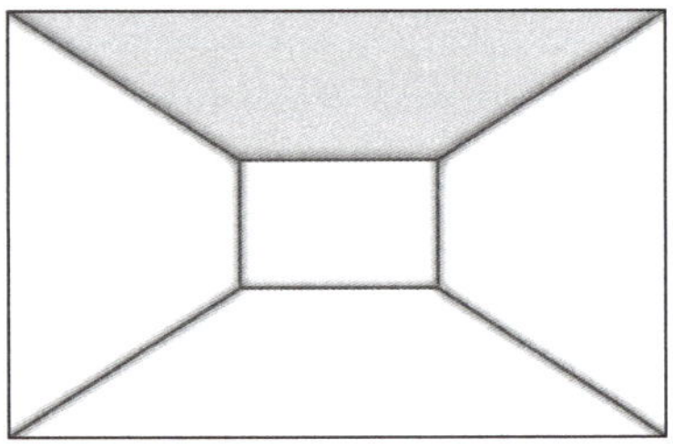	
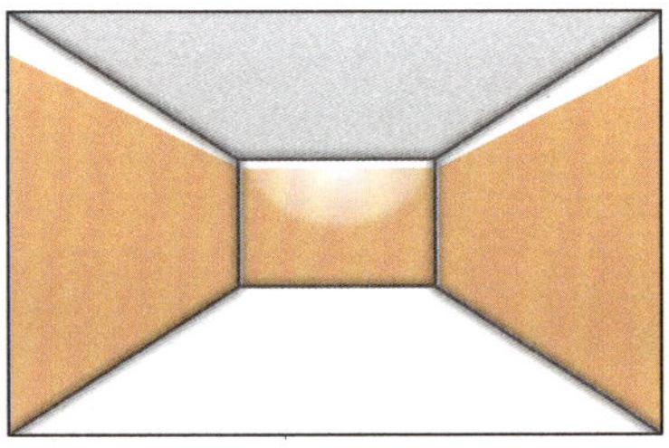	
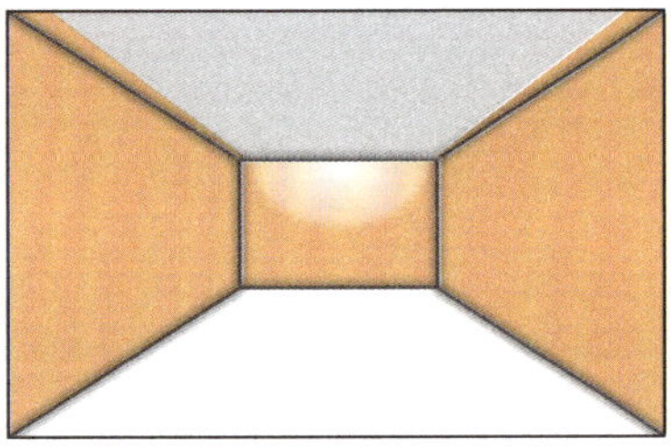	
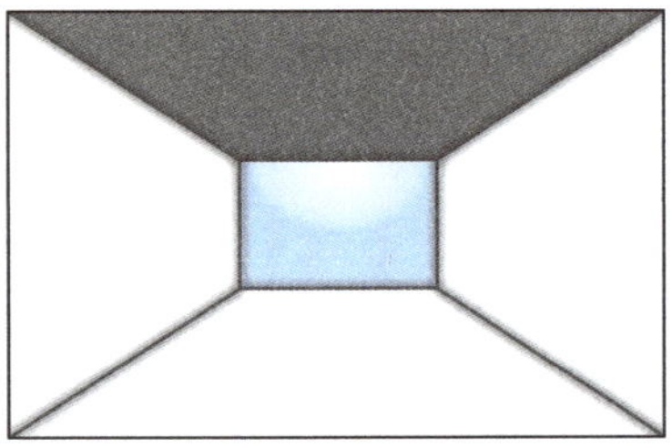	
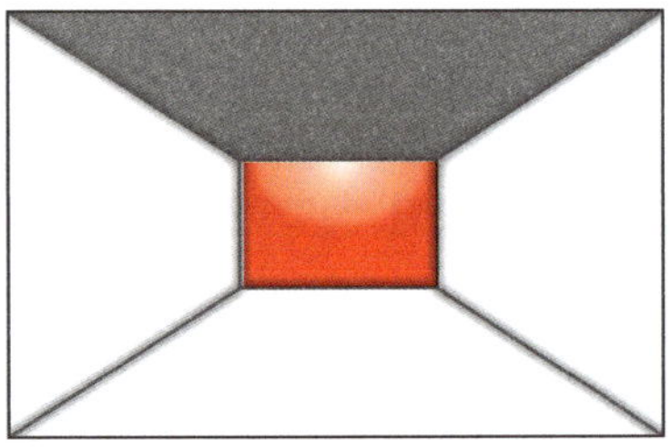	
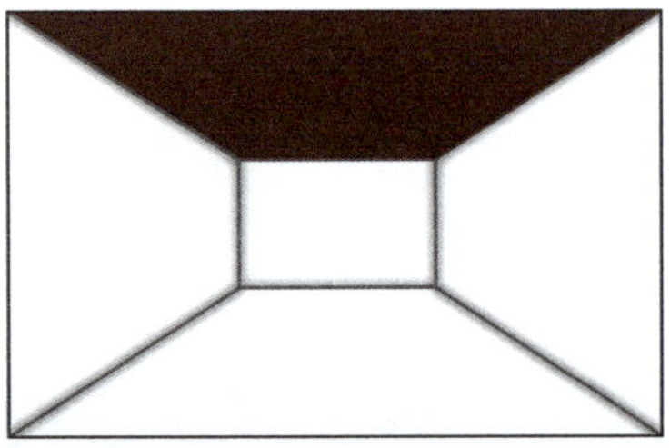	

7.1 Innenraumgestaltung

Name:	Klasse:	Datum:	Blatt 2/3

Raumwirkung

1. Beschreiben Sie stichwortartig die jeweilige Raumwirkung.

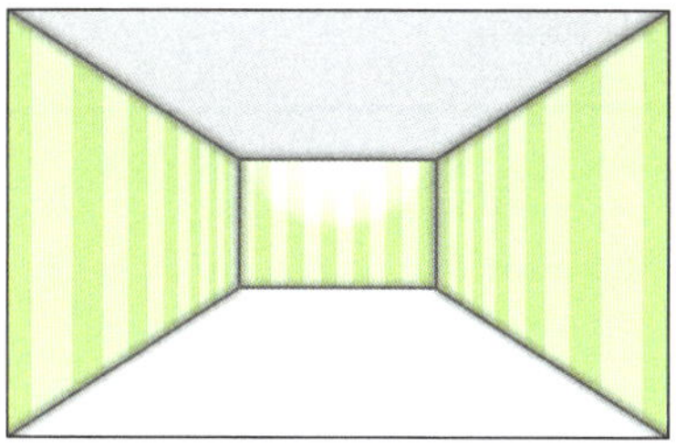	
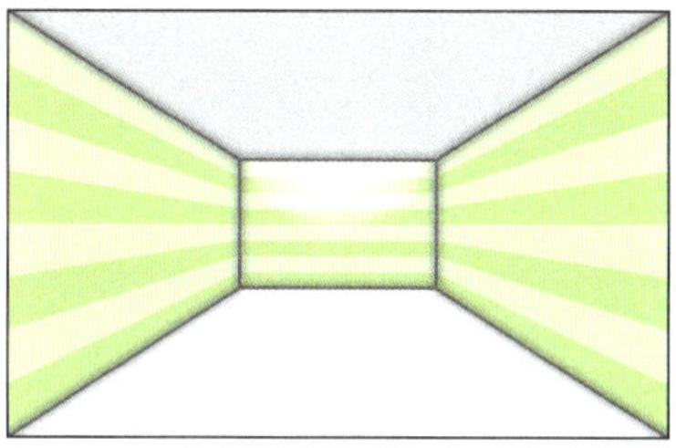	
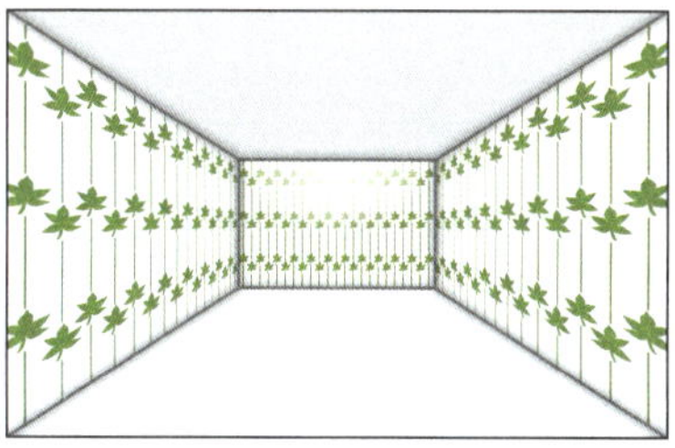	

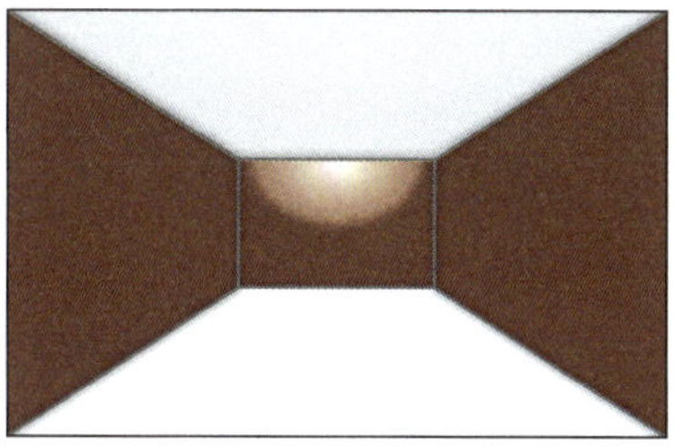	
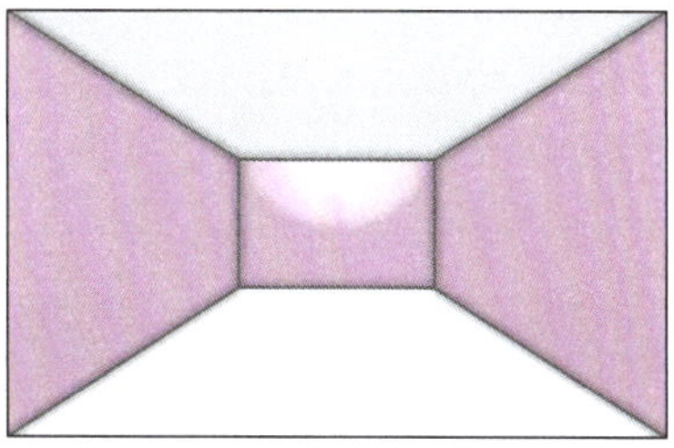	

7.1 Innenraumgestaltung

Name:	Klasse:	Datum:	Blatt 3/3

Raumwirkung

1. Wie wirkt Farbe im Raum. Beschreiben Sie stichwortartig die Farbwirkung.

Raum	Wirkung
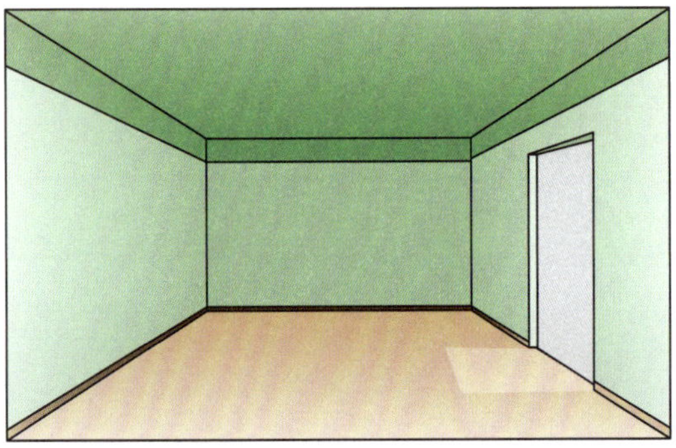	

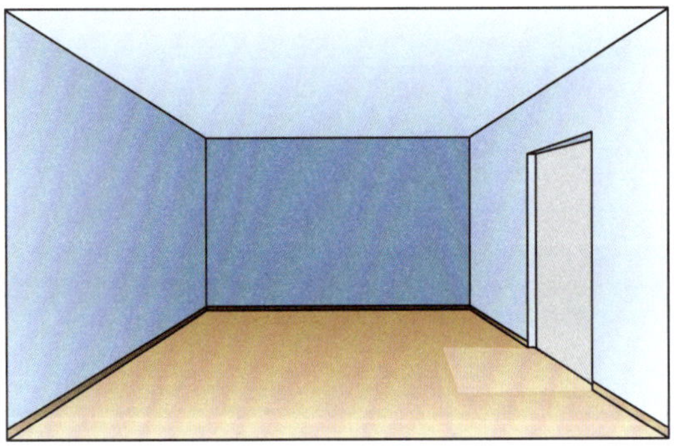	

2. Diskutieren Sie in der Klasse den Stellenwert der Raumwirkung in Hinblick auf ein gesamtes Auftragsprojekt.

7.2 Fußböden aus Vollholz und Holzwerkstoffen

Name:	Klasse:	Datum:	Blatt 1/5

Aufbau von Dielen- und Parkettfußböden

1. Ergänzen Sie begrifflich die beiden dargestellten Fußbodenaufbauten.

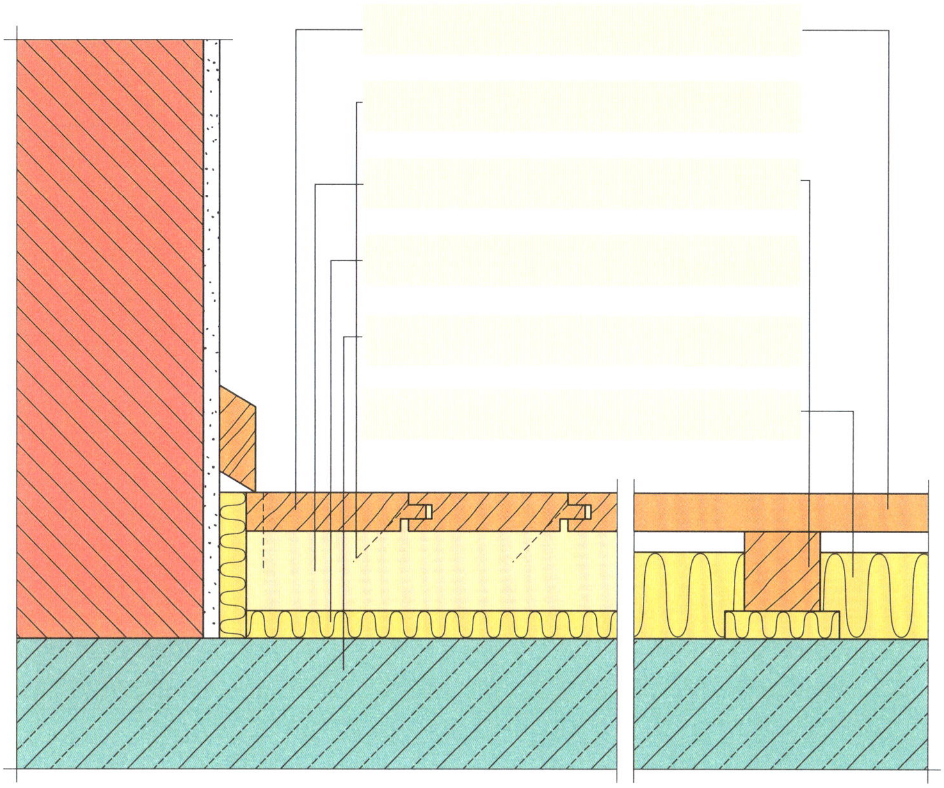

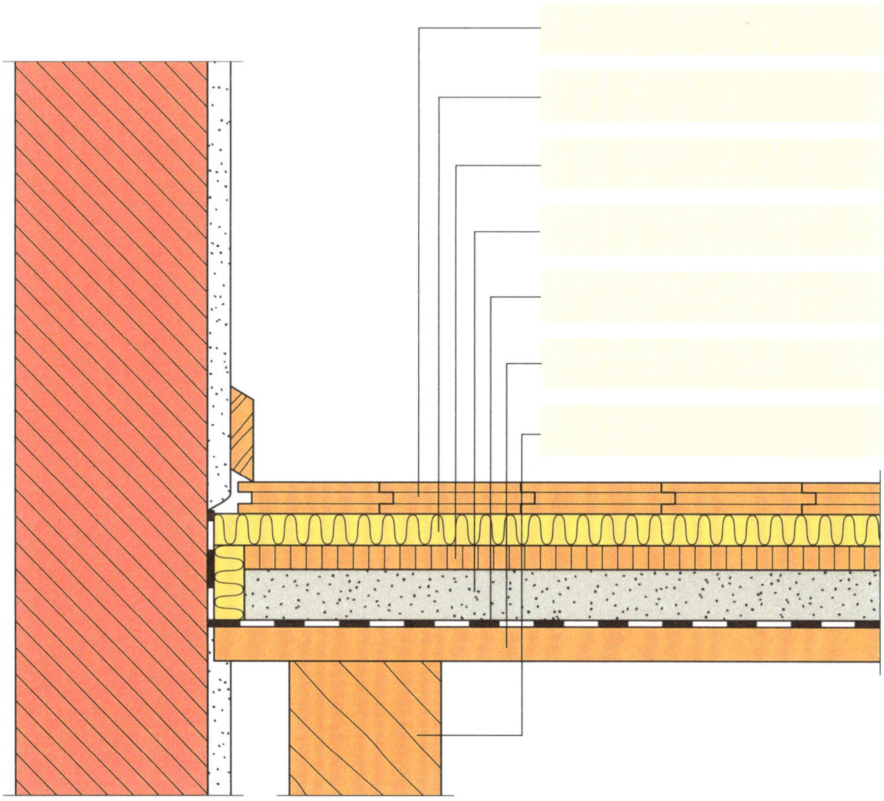

Name:	Klasse:	Datum:	Blatt 2/5

Aufbau und Eigenschaften eines Laminatfußbodens

1. Ergänzen Sie begrifflich die beiden dargestellten Fußbodenaufbauten.

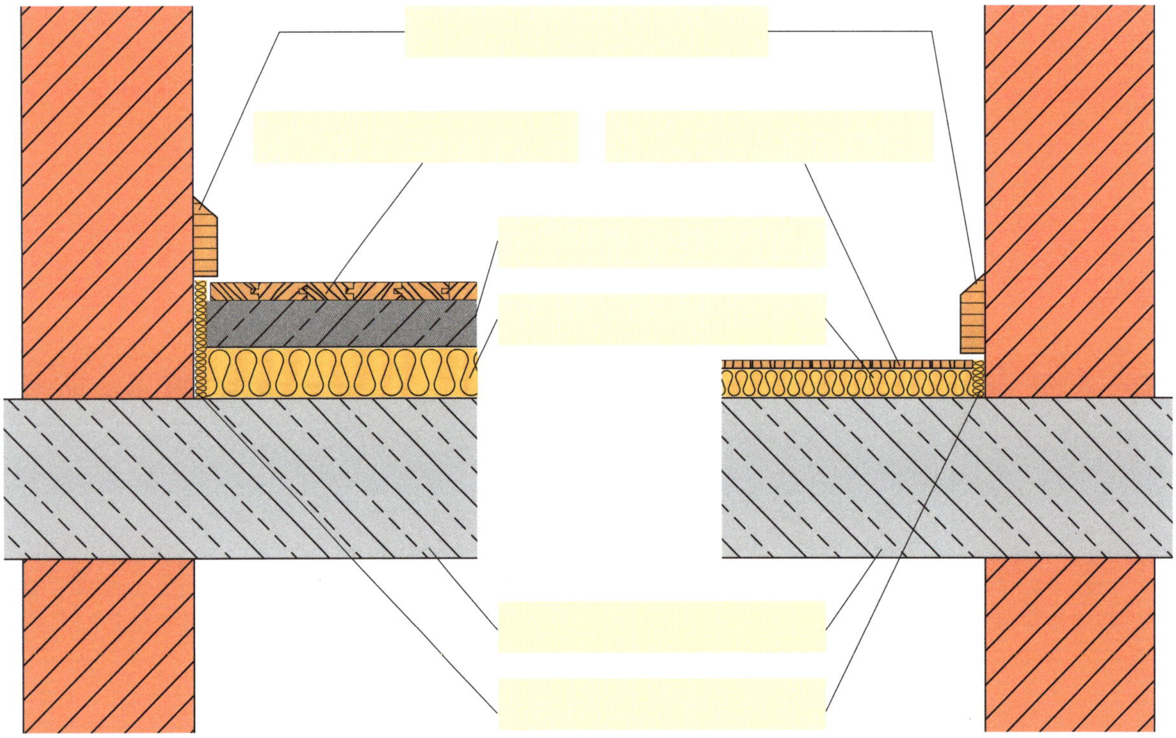

2. Wie nennt man das Nut-Feder-Verbindungsprofil bei Laminatpaneelen?

3. Woraus besteht die Deckschicht eines Laminatboden-Paneels?

4. Für Fußbodenlaminat-Paneele werden Trägerplatten als Basis verwendet. Welche Holzwerkstoffe werden als Trägerplatte eingesetzt?

Name:	Klasse:	Datum:	Blatt 3/5

Verlegemuster

1. Benennen Sie die dargestellten Verlegemuster.

7.2 Fußböden aus Vollholz und Holzwerkstoffen			
Name:	Klasse:	Datum:	Blatt 4/5

Auswahlkriterien

1. Geben Sie 10 Auswahlkriterien für den Einsatz für Holzfußböden an.

7.2 Fußböden aus Vollholz und Holzwerkstoffen			
Name:	Klasse:	Datum:	Blatt 5/5

Schleifarbeiten – Kosten

1 Für Schleifarbeiten an einem Parkettboden mietet ihr Chef für 3 Tage eine Parkettschleifmaschine. Die Mietkosten sind wie folgt vom Verleiher angegeben:

Dauer	ohne MwSt.	inkl. MwSt.
1 Tag	35,29 €	42,00 €
1 Woche	123,52 €	147,00 €

Wie hoch sind die Mietkosten für den Betrieb? Würde sich eine Wochenausleihe rentieren?

2. Für Arbeiten an einem weiteren Parkettboden sollen eine Tellerschleifmaschine, eine Walzenschleifmaschine sowie ein Randschleifer für 3 Tage angemietet werden.

Parkettwalzenschleifmaschine (750 × 200 mm)		
Dauer	ohne MwSt.	inkl. MwSt.
1 Tag	35,29 €	42,00 €
1 Woche	123,52 €	147,00 €
Randschleifer		
1 Tag	20,17 €	24,00 €
1 Woche	70,60 €	84,00 €

Tellerschleifmaschine		
Dauer	ohne MwSt.	inkl. MwSt.
1 Tag	28,57 €	34,00 €
1 Woche	100,00 €	119,00 €
Dreier-Set (Kombi-Angebot)		
1 Tag	75,63 €	90,00 €
1 Woche	264,71 €	315,00 €

Berechnen Sie das günstigste Angebot.

7.3 Wand- und Deckenverkleidungen			
Name:	Klasse:	Datum:	Blatt 1/2

Wandverkleidung

1. Erläutern Sie den Begriff „Wandverkleidung“.

2. Für welche baulichen Vorhaben kann der Raum zwischen Wand und Beplankung genutzt werden?

3. Nennen Sie zwei Arten der Unterkonstruktion bei Wandverkleidungen.

4. Benennen Sie die einzelnen Elemente der dargestellten Wand.

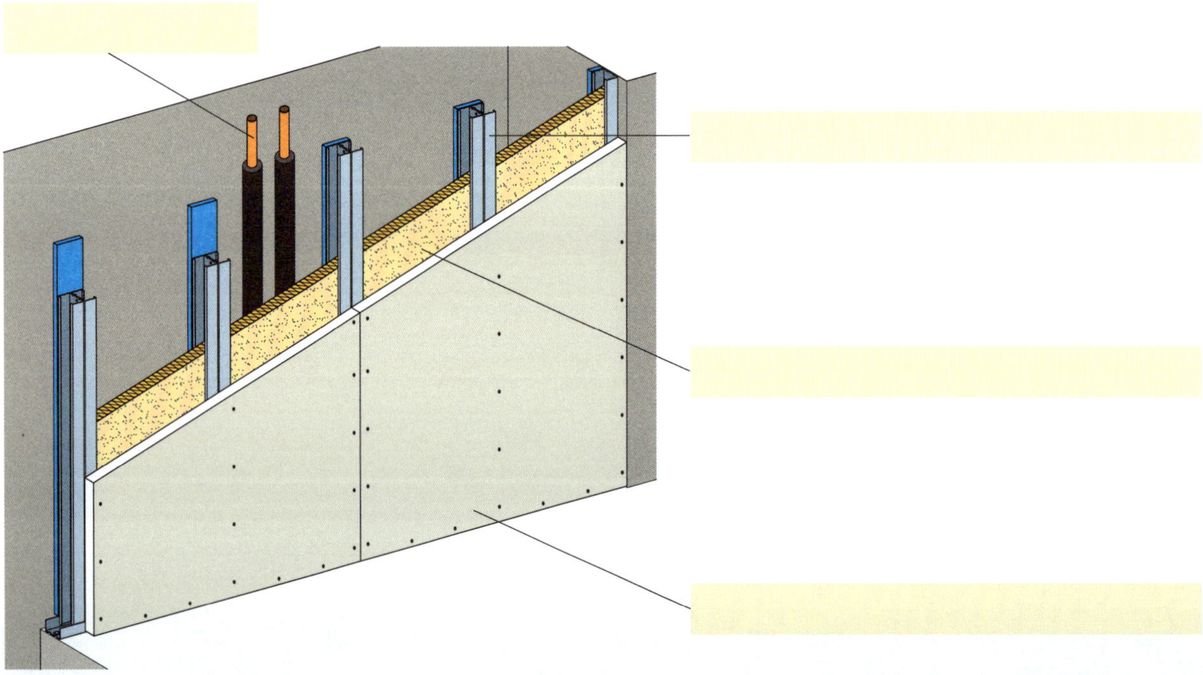

Name:	Klasse:	Datum:	Blatt 2/2

Deckenverkleidung

1. Welche Funktion hat eine Deckenverkleidung?

2. Mit welchen Werkstoffen werden Decken beplankt?

3. Geben Sie zwei mögliche Ausführungen der Verbretterung von Decken an.

4. Beschriften Sie die Unterkonstruktion einer abgehängten Decke.

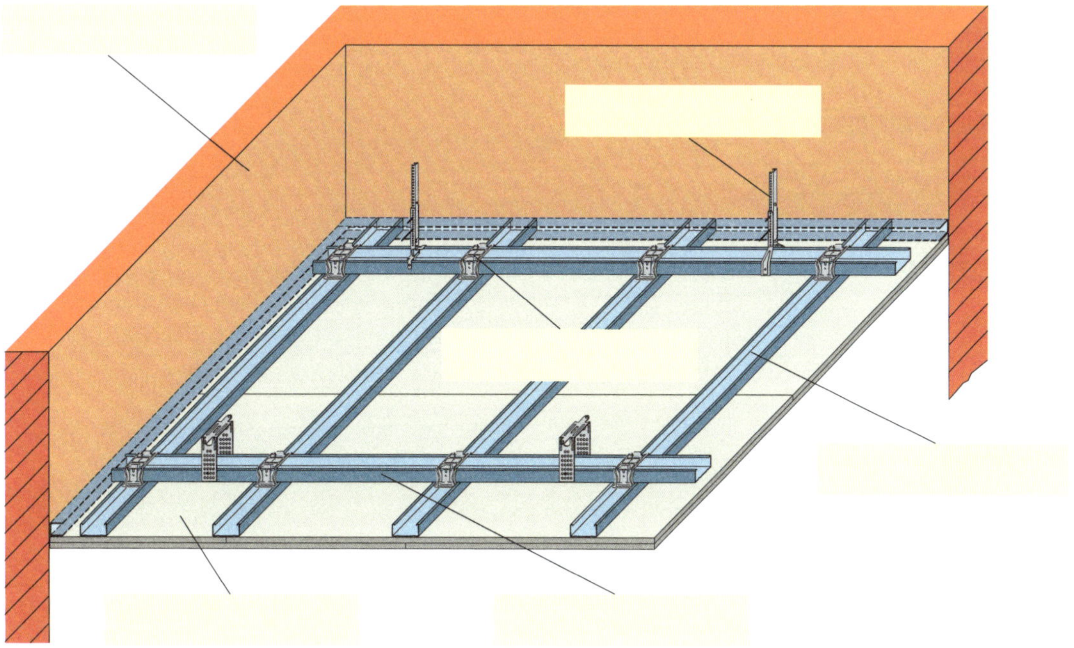

5. Nennen Sie drei Möglichkeiten der Aufhängung einer abgehängten Decke.

Name:	Klasse:	Datum:	Blatt 1/2

Begriffe

1. Bezeichnen Sie die jeweilige Profilart.

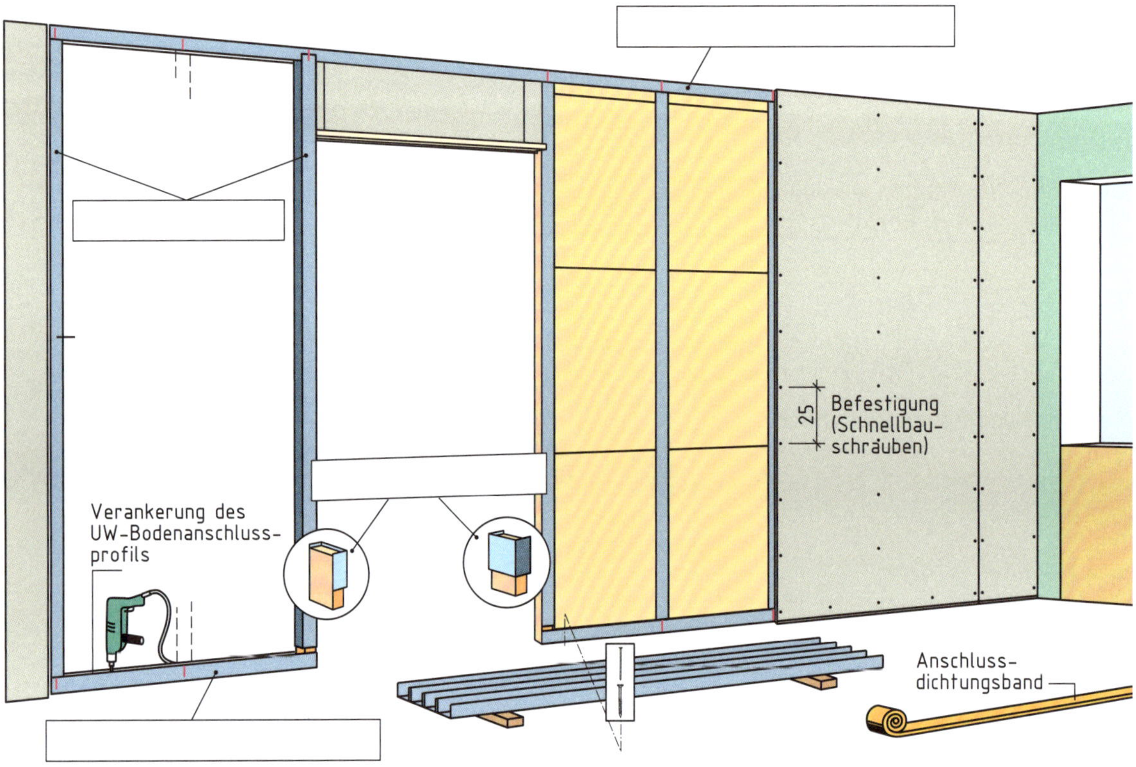

2. Benennen Sie die einzelnen Bauteile.

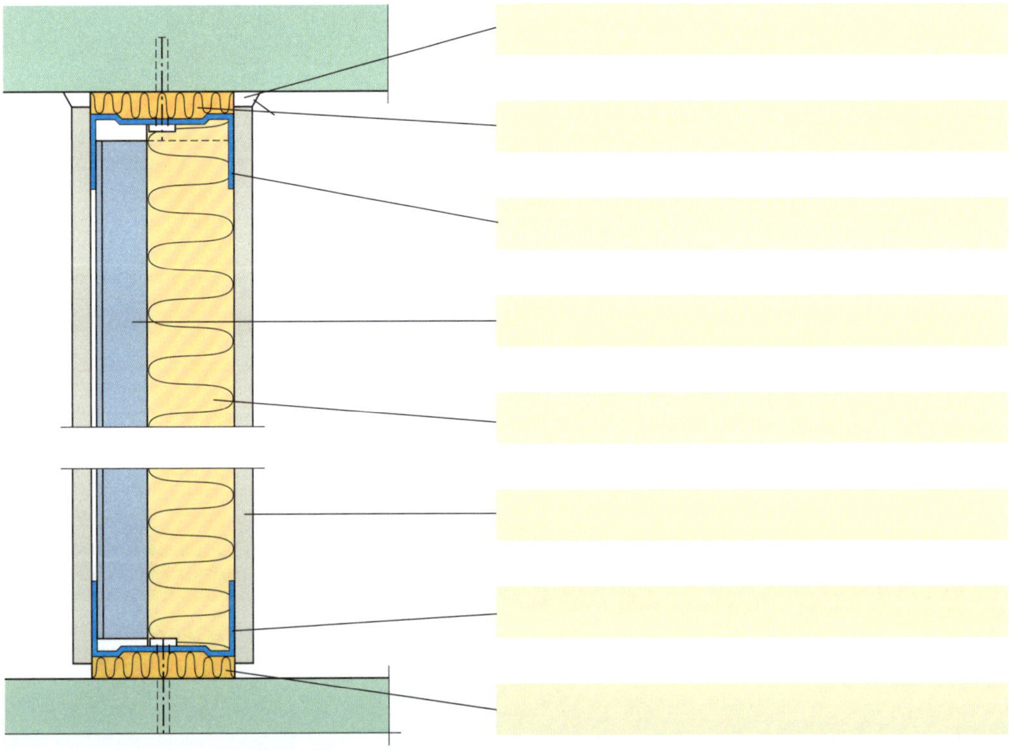

Name:	Klasse:	Datum:	Blatt 2/2

Profile

1. Bezeichnen Sie die Stahlprofile.

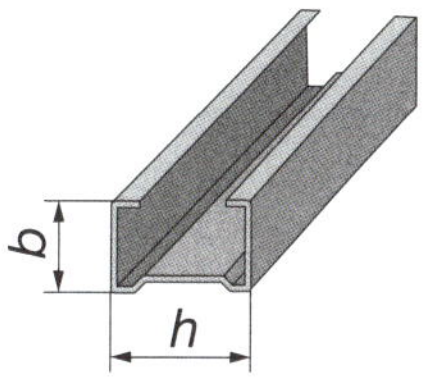	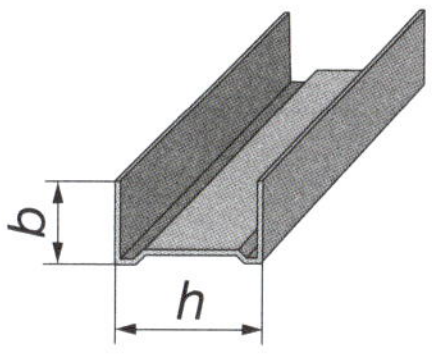	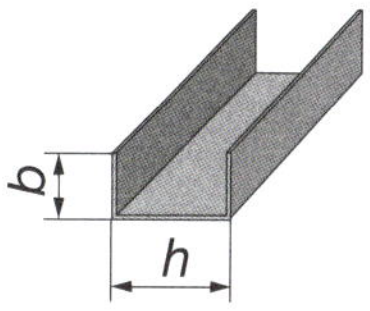	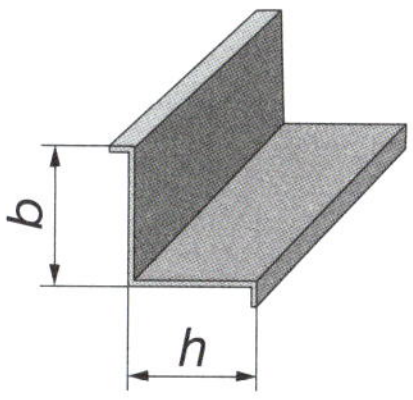

2. Vervollständigen Sie die Tabelle, indem Sie geeignete Werkstoffe und Wandkonstruktionen aufgrund der Anforderung angeben.

Anforderungsbereich	Beplankung	Dämmung	Unterkonstruktion
Brandschutz			
Schallschutz			
Wärme- und Feuchteschutz			

7.5 Innentüren

Name:	Klasse:	Datum:	Blatt 1/7

Begriffe

1. Tragen Sie die unten angeordneten Bezeichnungen in die entsprechenden Textrahmen ein. Ergänzen Sie zudem den darunterliegenden Text.

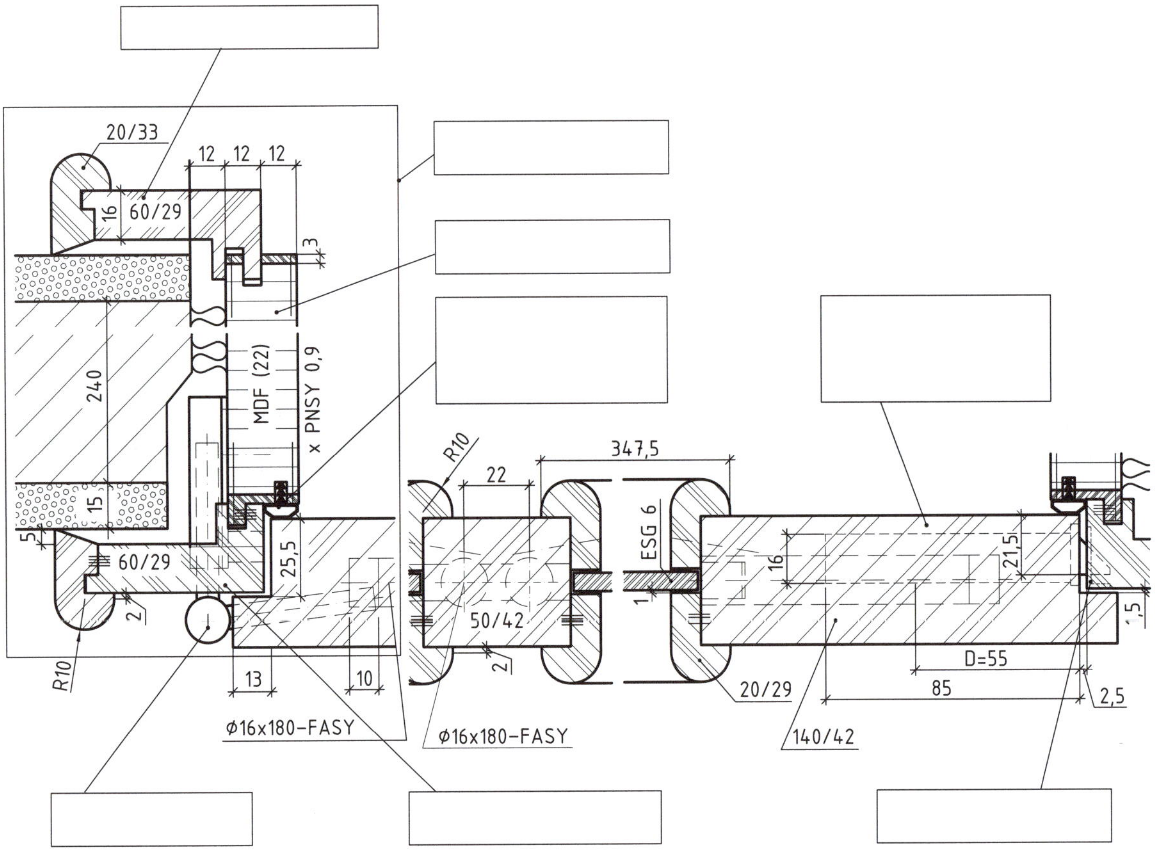

Der Schnitt A-A ist der Horizontalschnitt einer ____________________. Sie besteht aus dem ____________________ sowie den ____________________.

Die ____________________ hat die Aufgabe, die Montagefuge zwischen Wandlaibung und ____________________ zu überdecken. Die ____________________ dient dem Ausgleich von Wandstärkentoleranzen. Das ____________________ soll Schließgeräusche reduzieren.

Zierbekleidung

Falzbekleidung

Futter

Schließblech

Dämpfungs bzw. Dichtungsprofil

Türzarge

Schlosskasten mit Schloss

Türband

7.5 Innentüren

Name:	Klasse:	Datum:	Blatt 2/7

Türeinbauarten

1. Geben Sie die Bezeichnungen der abgebildeten Türen an.

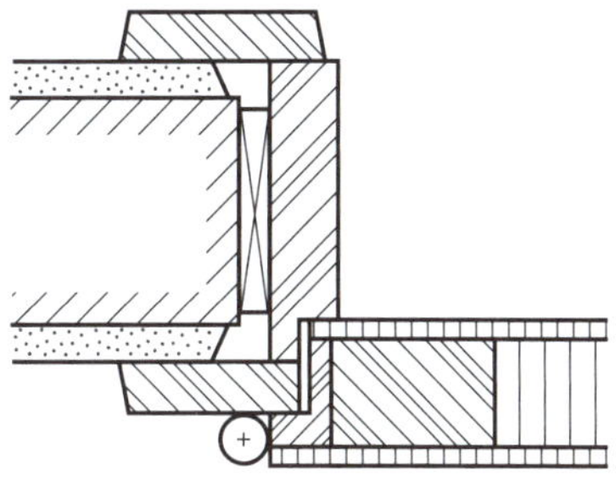

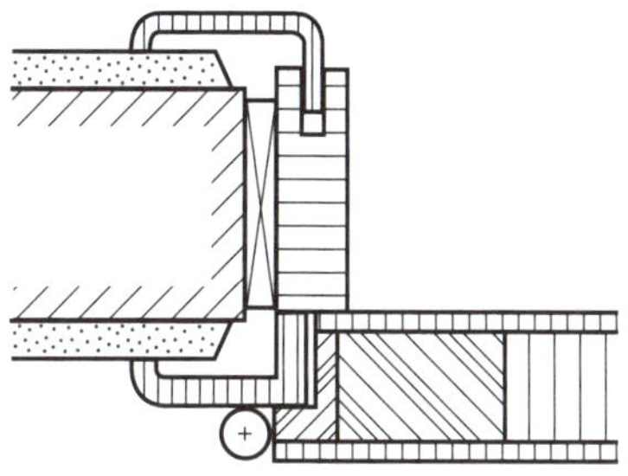

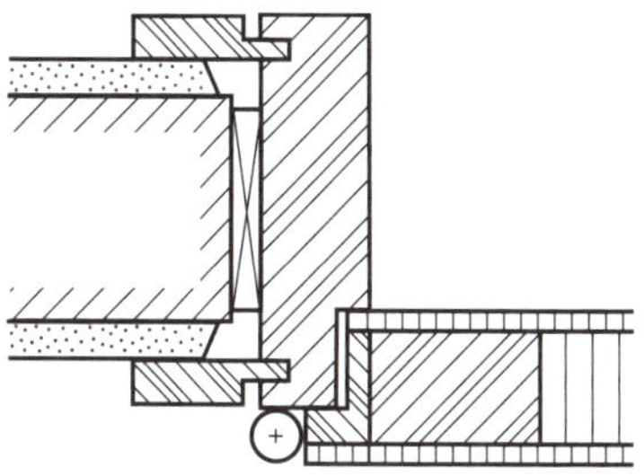

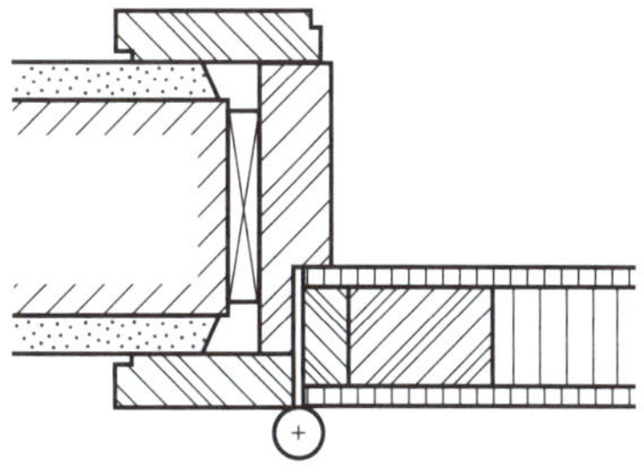

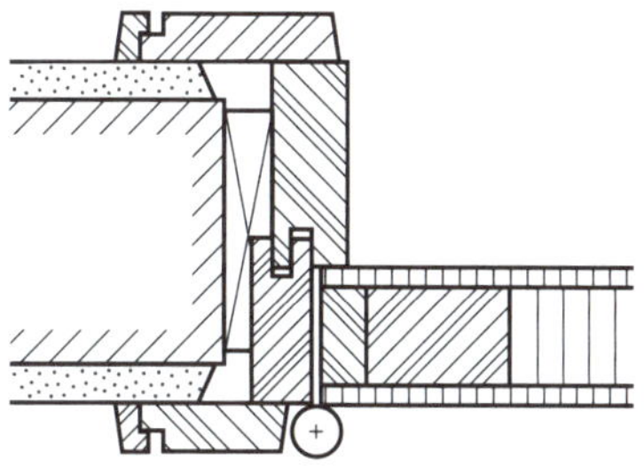

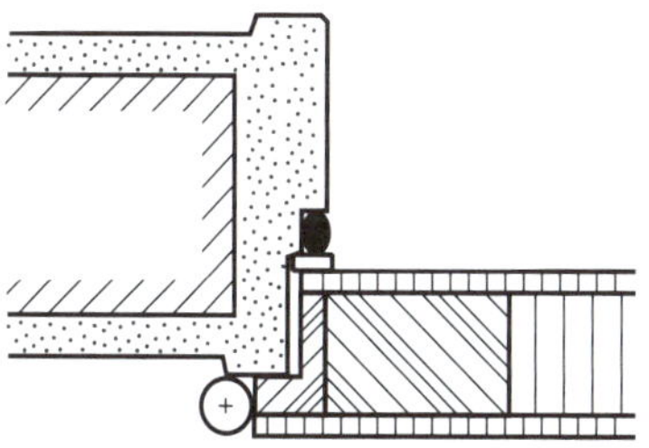

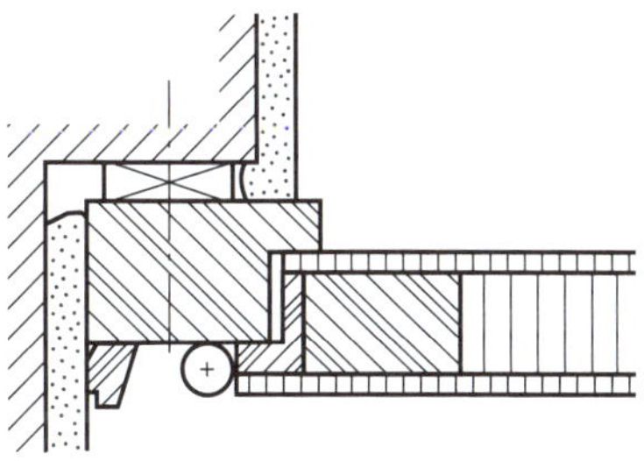

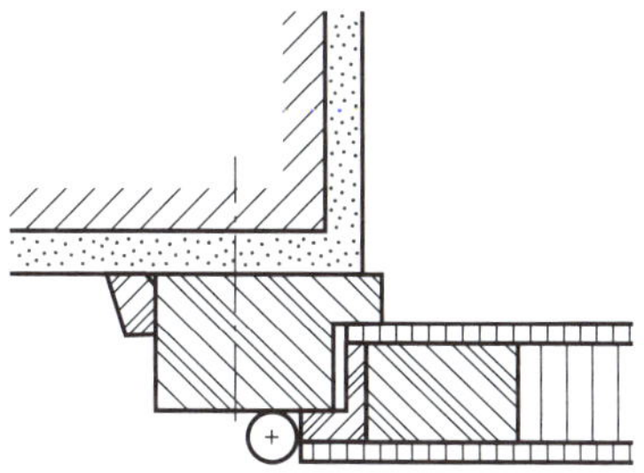

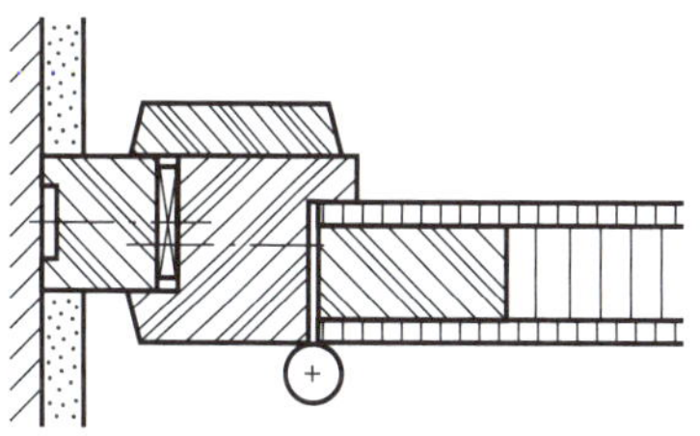

7.5 Innentüren

Name:	Klasse:	Datum:	Blatt 3/7

Maße und Bandbezugslinien

1. Tragen Sie die fehlenden Maße bzw. Bezeichnungen nach DIN 18101 ein. Geben Sie zudem zwei mögliche Türblatthöhen und -breiten an.

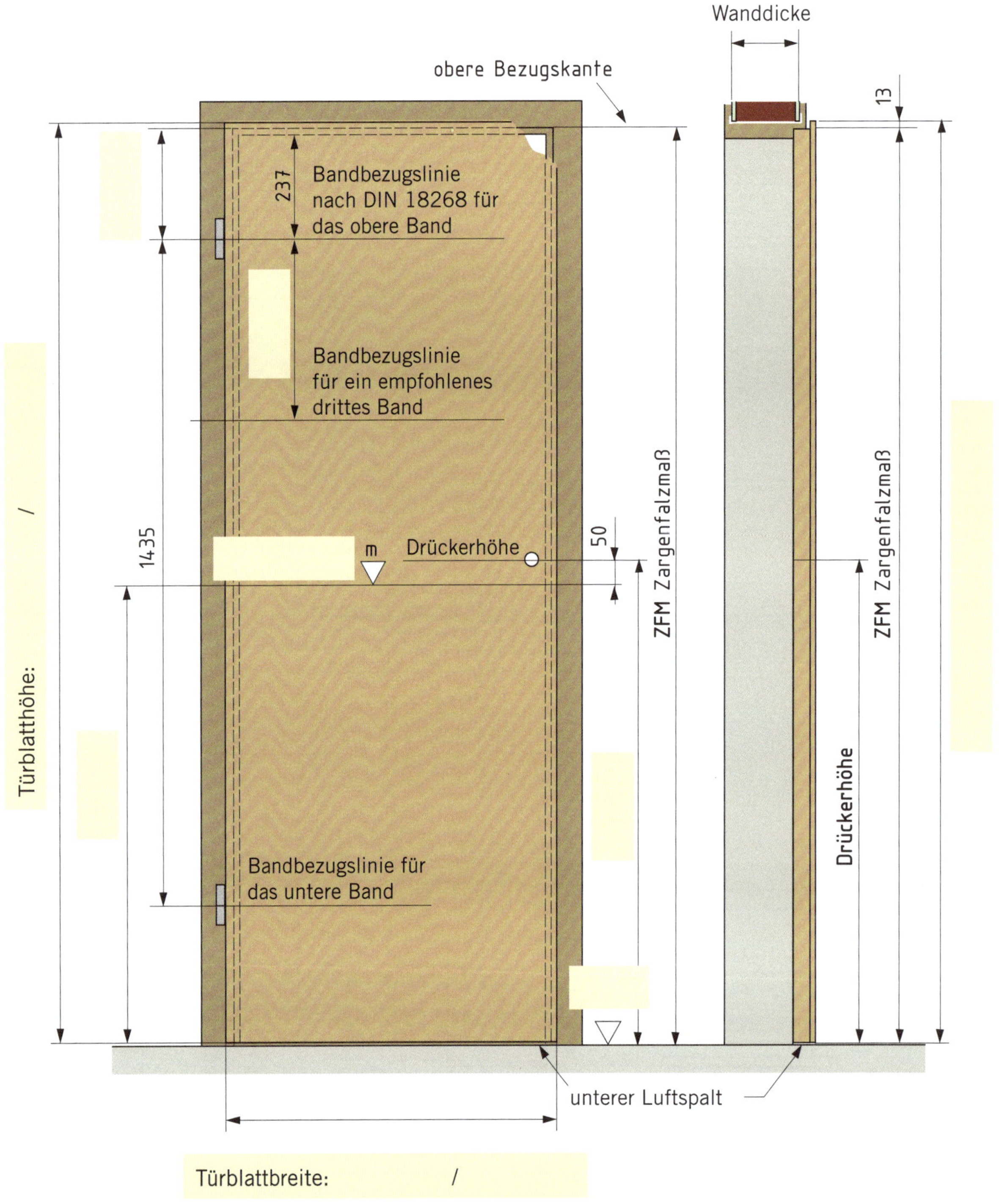

7.5 Innentüren

Name:	Klasse:	Datum:	Blatt 4/7

Türbänder

1. Geben Sie die Bezeichnungen der Türbänder an.

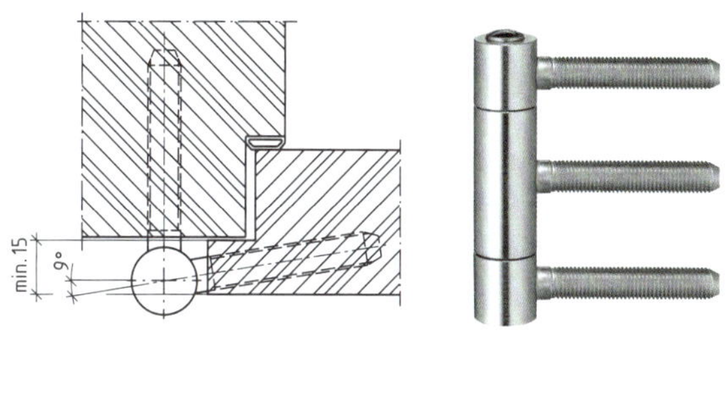

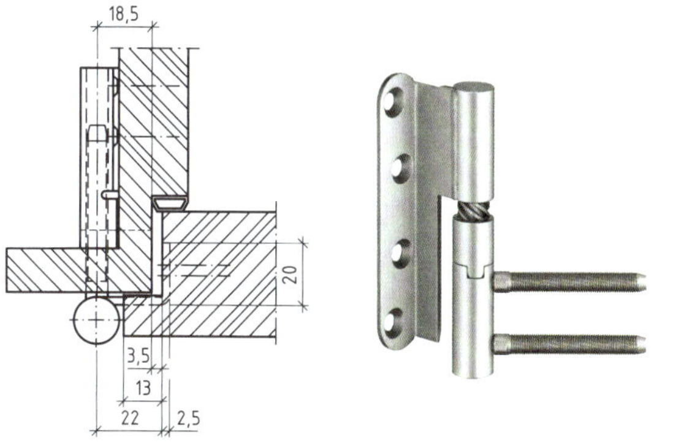

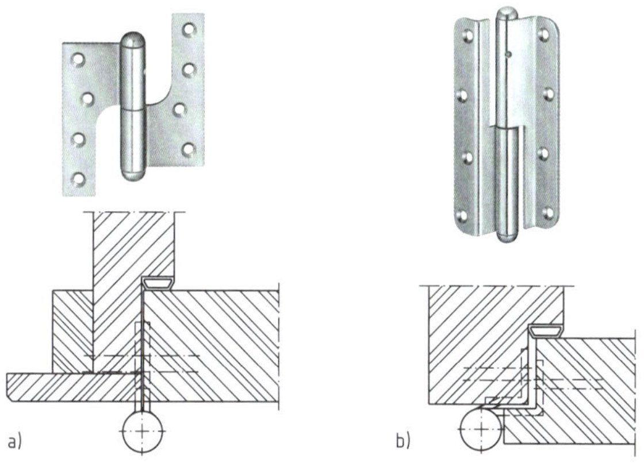

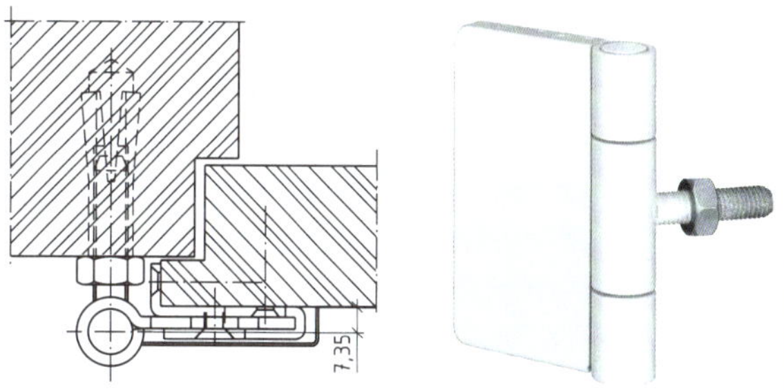

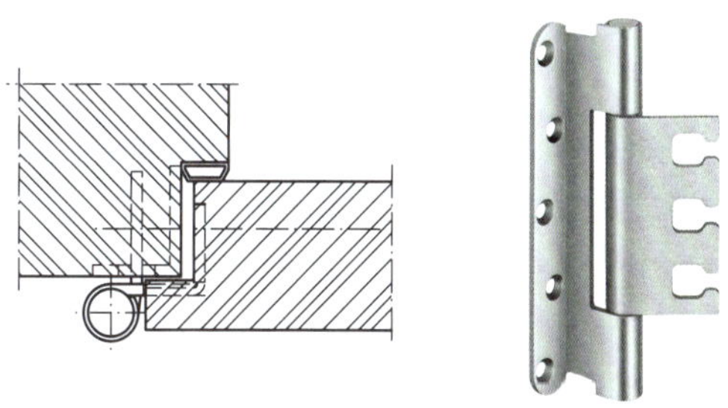

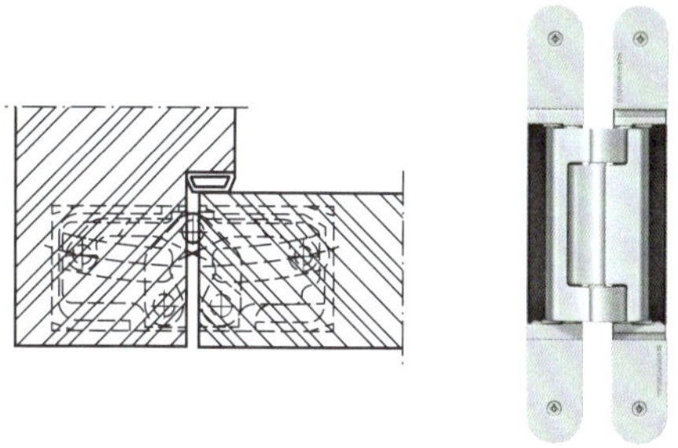

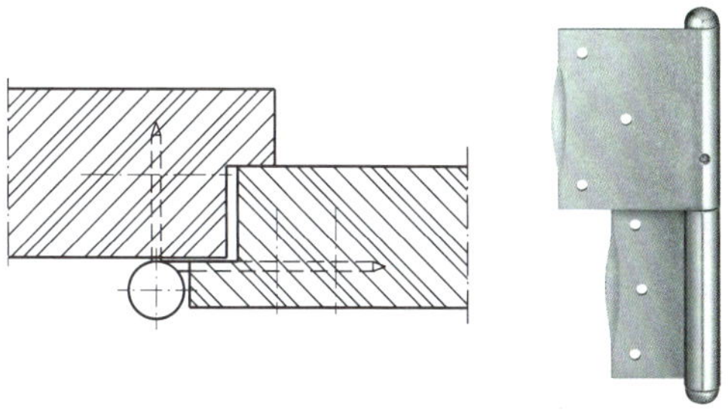

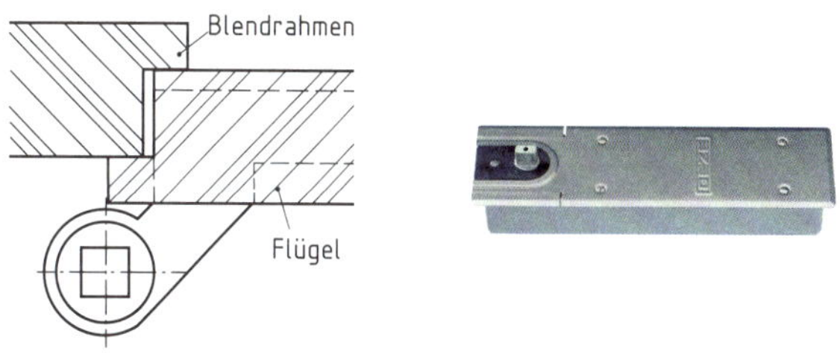

7.5 Innentüren

Name:	Klasse:	Datum:	Blatt 5/7

Bestellangaben

1. Sie erhalten einen Entwurfsplan. Das innere Mauerwerk ist normal tragend, mit Ausnahme der Wand zum WC. Die Innentüren haben gängige Öffnungsmaße. Vervollständigen Sie die Bestellliste.

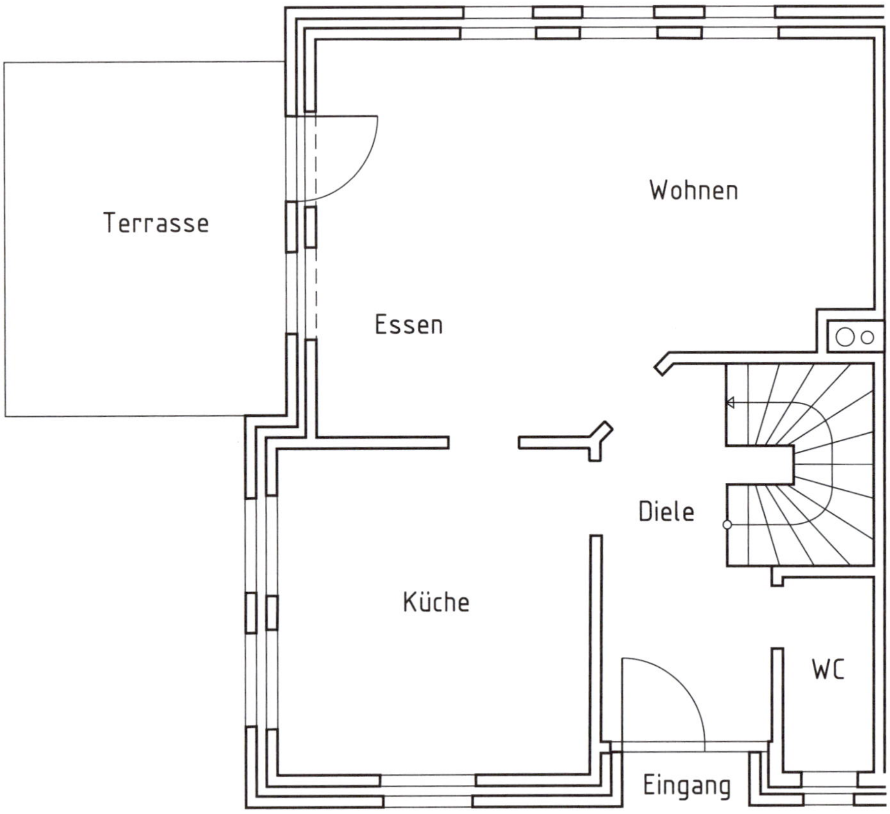

Raum	Türangaben
Wohnzimmertür	
Wohnzimmer – Küche	
Küchentür	
WC-Tür	

2. Stellen Sie Grundsätze auf, die bei der Bestellung und Öffnungsfestlegung von Innentüren eine Rolle spielen.

7.5 Innentüren

Name:	Klasse:	Datum:	Blatt 6/7

Statisches System

1. Welche Kräfte werden in der Abbildung dargestellt?

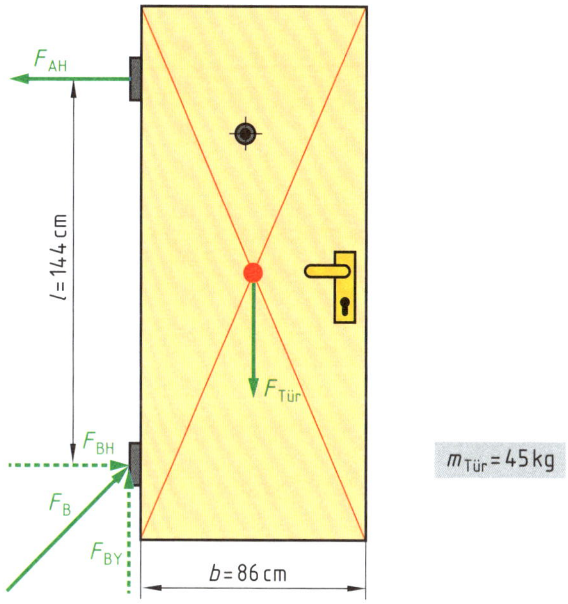

$F_{Tür}$:

F_{AH}:

F_{BH}:

F_{BY}:

F_B:

$m_{Tür}$:

2. Warum greift die Gewichtskraft der Tür im Zentrum an?

3. Warum sind die grünen Kräfte von der blauen Gewichtskraft zu unterscheiden?

4. Aus welchem Grund sind am unteren Band 3 Kräfte dargestellt?

7.5 Innentüren

Name:	Klasse:	Datum:	Blatt 7/7

Berechnung der Kräfte

1. Benennen Sie die drei Gleichgewichtsbedingungen zur Berechnung der einzelnen Komponenten.

2. Warum müssen die jeweiligen Kräfte immer = 0 sein?

3. Die Tür hat eine Masse von 45 kg. Wie groß ist die Gewichtskraft $F_{Tür}$ der Tür?

4. In der oben dargestellten Skizze (S. 81) kann nur welches Band die Gewichtskraft der Tür aufnehmen?

5. Berechnen Sie die Kraft F_{AH}. Legen Sie den Drehpunkt in das untere Türband (S. 81).
$\boldsymbol{\Sigma M_B = 0}$

6. Berechnen Sie die Kraft F_{BH}.

$\boldsymbol{\Sigma F_H = 0}$

7. Wie groß ist nun die Kraft F_B?

7.6 Einbaumöbel			
Name:	Klasse:	Datum:	Blatt 1/2

Wandschrank – Schrankwand

1. Wie unterscheiden sich Wandschränke von Schrankwänden?

2. Geben Sie Konstruktionsmerkmale von Wandschränken an.

3. Geben Sie Konstruktionsmerkmale von Schrankwänden an.

4. Welche Funktion haben Raumteiler?

5. Wie sind begehbare Schränke aufgebaut?

7.6 Einbaumöbel

Name:	Klasse:	Datum:	Blatt 2/2

Wandschrank-Berechnung

1. Berechnen Sie die jeweiligen Höhen h, h_1, h_2 und h_3 eines Wandschrankes unter einer Dachschrägen.

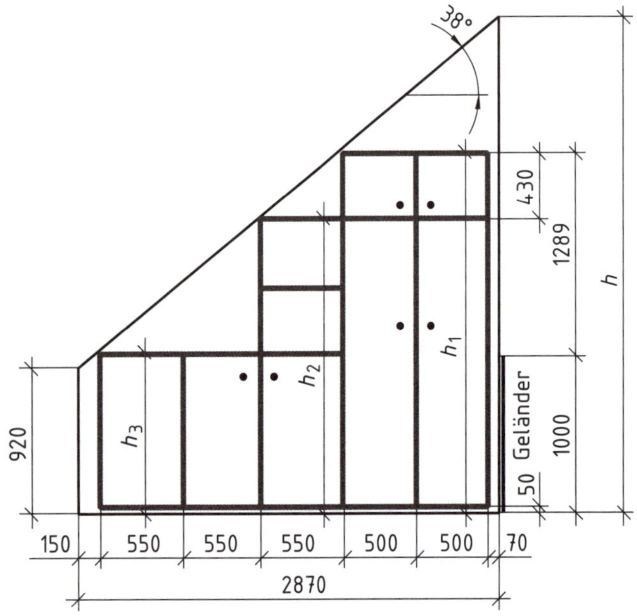

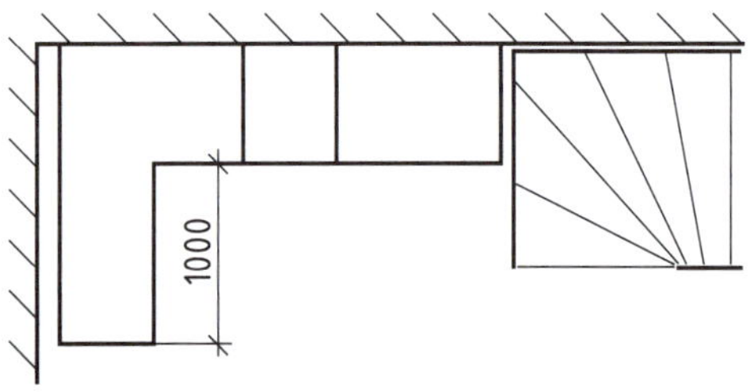

7.7 Küchen

Name:	Klasse:	Datum:	Blatt 1/9

Kochen nach Plan

1. Planen Sie zunächst in dem vorgegebenen Raum eine Küche. Die Symbole für die einzelnen Elemente entnehmen Sie der DIN 18022 oder dem Tabellenbuch. Zeichnen Sie einen Küchentisch ein.

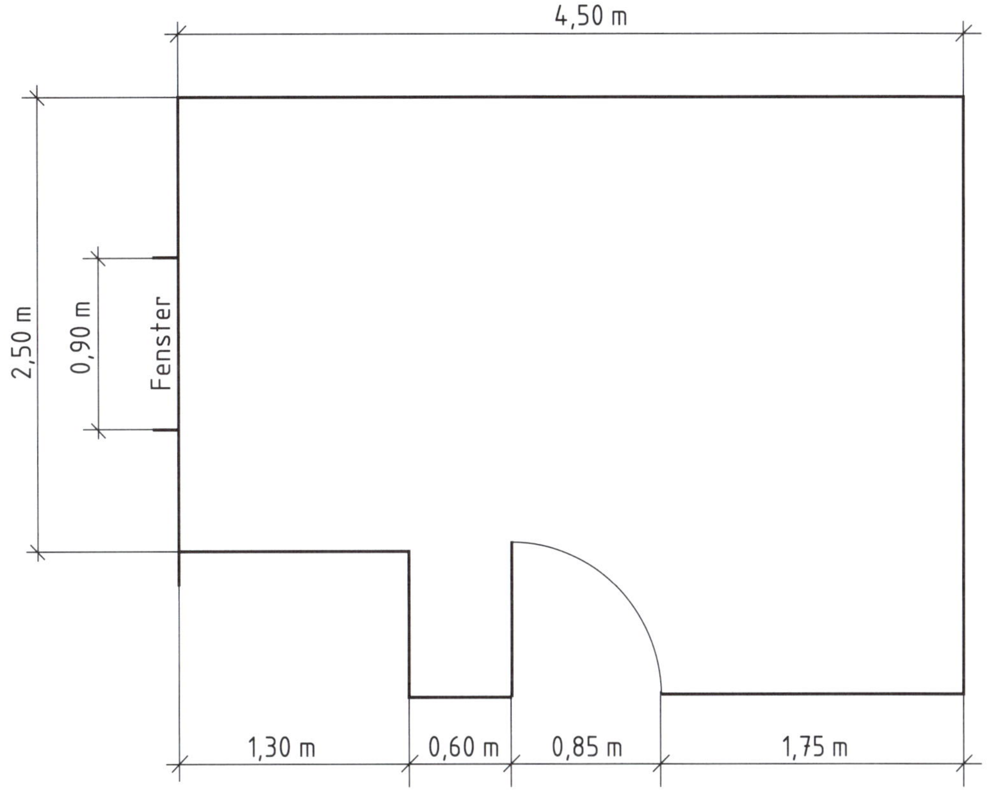

2. „Kochen“ Sie eine einfache Quiche nach Rezept. Zeichnen Sie die dabei zurückgelegten Wege in der Küche ein.

   Zubereitung einer Quiche mit Lauch und Speck
   Arbeitszeit: ca. 30 Min./Koch-/Backzeit: ca. 30 Min.
   Zutaten zum Teig verkneten und 1 Tag im Kühlschrank ziehen lassen.
   Den Teig ausrollen und auf den Blechen verteilen und einen Rand hochziehen. Ofen auf 180 °C vorheizen.
   Den Lauch halbieren, waschen und in Stücke schneiden und in reichlich Butter andünsten. Dann den Lauch mit Speckwürfeln, Sauerrahm, Käse und Eiern mischen und mit Salz, Pfeffer und Muskat abschmecken. Nach Geschmack ein paar Kräuter unterheben. Die Masse auf dem Teig verteilen und ca. eine halbe Stunde im Ofen backen.

3. Stellen Sie ihre Küche der Klasse vor. Diskutieren und bewerten Sie mit ihren Mitschülern die unterschiedlichen Entwürfe hinsichtlich kurzer Arbeitswege bzw. der Position der einzelnen Küchenmodule.

7.7 Küchen			
Name:	Klasse:	Datum:	Blatt 2/9

Küchenarbeitshöhen

1. Ermitteln Sie Ihre ergonomische Arbeitshöhen und -tiefen.

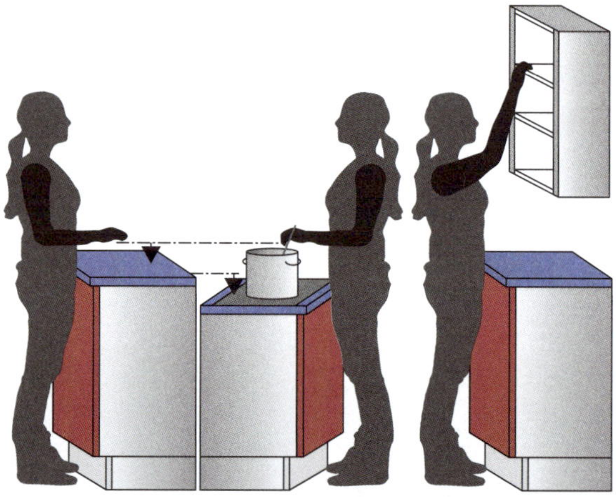

Höhe der Arbeitsplatte

↓

Höhe des Kochfeldes

↓

Höhe der Spüle

↓

A – lichte Korpustiefe

↓

B – Höhe Oberschränke

↓

l_1 – Plattenbreite

↓

l_2 – Plattenüberstand

↓

l_3 – Schranktiefe Oberschränke

↓

h_1 – Arbeitsplattenhöhe

↓

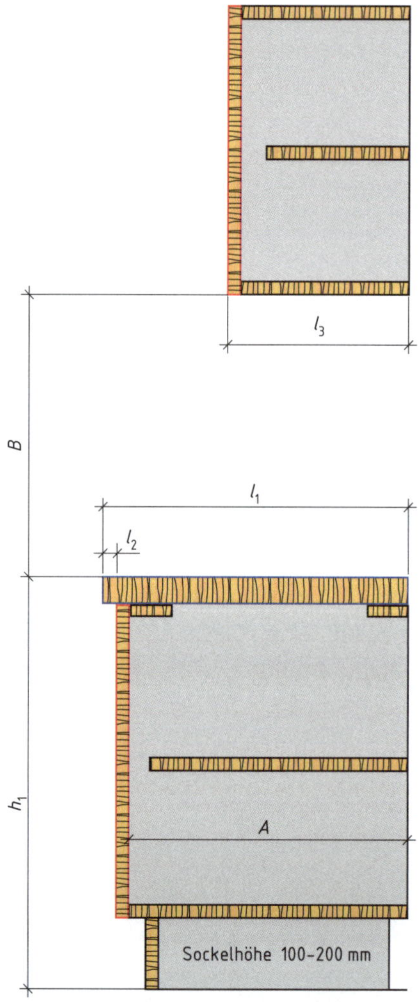

7.7 Küchen

Name:	Klasse:	Datum:	Blatt 3/9

Zeichnung und Plattenliste

1. Zeichnen Sie den Korpus in den für eine Holzliste notwendigen Ansichten und Schnitten. Erstellen Sie die für die Fertigung notwendige Holzliste. Tauschen Sie die Holzliste mit ihrer Nachbarin/ihrem Nachbarn aus und kontrollieren Sie diese. Weisen Sie sie/ihn auf eventuelle Fehler hin.

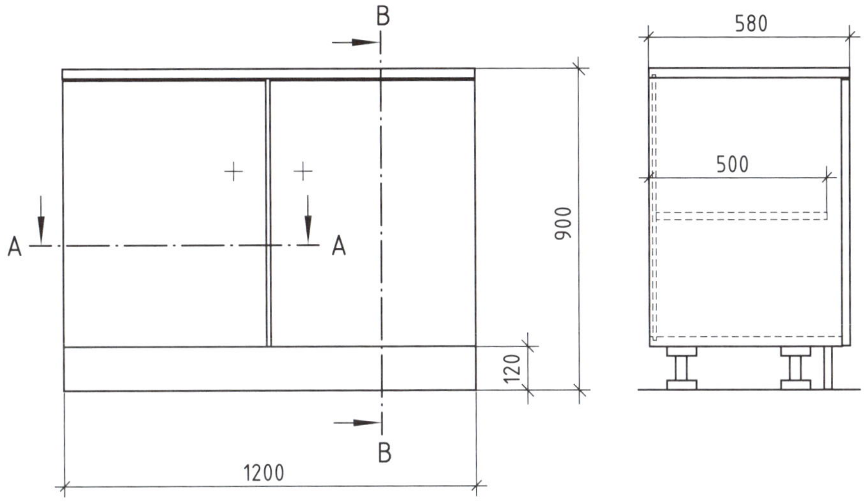

Verwendung	Plattenzahl × Plattenmaß
Spanplatte P2 (19)	
Seiten	
Türen	
Deckel	
Boden	
Zwischenboden	
Sockelblene	
Holzfaserplatte HB 6	
Rückwand	

Name:	Klasse:	Datum:	Blatt 4/9

Berechnung Küchenarbeitsfläche

1. Für die Rechnungserstellung wird die Fläche der Küchenarbeitsplatte benötigt. Berechnen Sie diese.

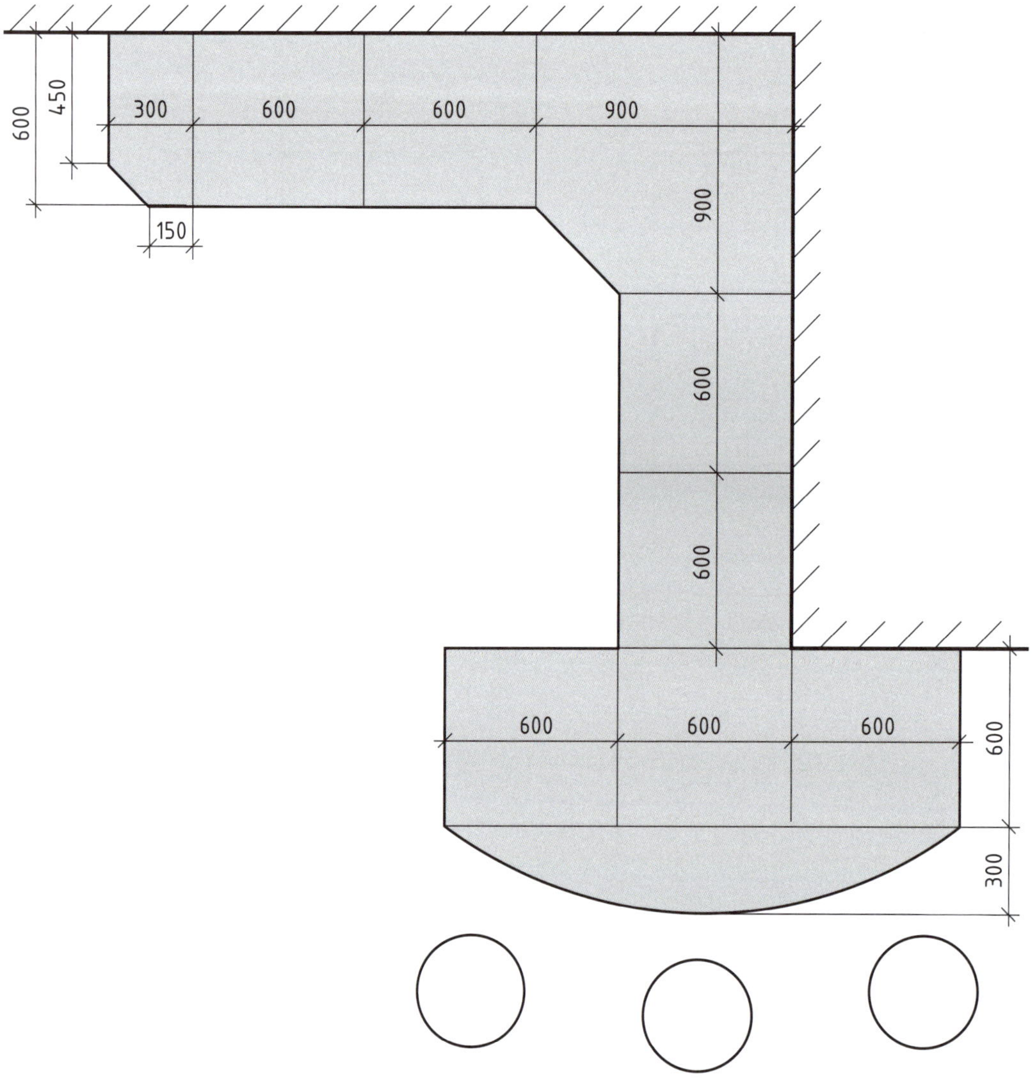

7.7 Küchen

Name:	Klasse:	Datum:	Blatt 5/9

Berechnung Lüftungsgitteranordnung

1. Auf der Küchenarbeitsplatte in einer Großküche sind Lüftungsgitter einzubauen. Die Verteilung ist nach Zeichnung (siehe Anzahl der Teile) vorgegeben. Maße in mm.

Querschnittsmaße der Lüftungsgitter:

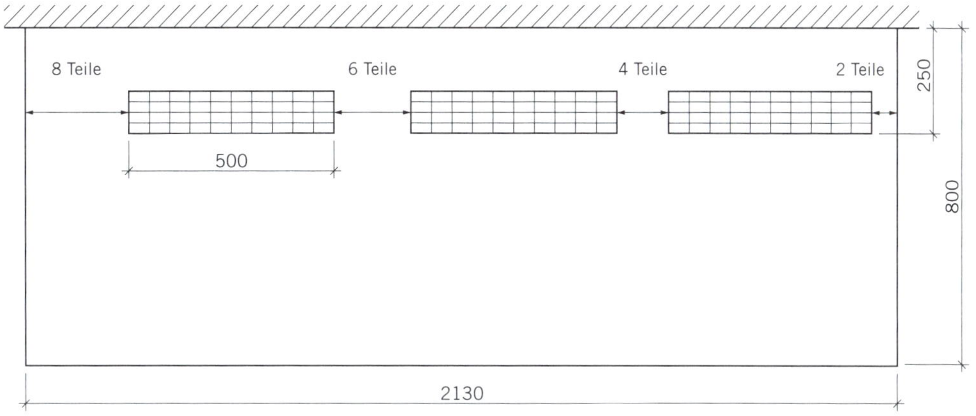

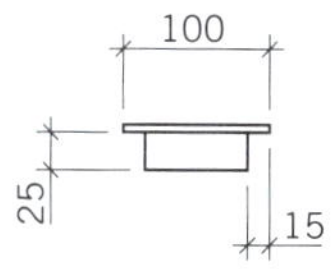

2. Zeichnen Sie die Küchenarbeitsplatte mit den angerissenen Aussparungen im Maßstab 1:20.

Name:	Klasse:	Datum:	Blatt 6/9

Berechnung Länge-Wandabschlussprofil

1. Für die Abrechnung wird die Länge des Wandabschlussprofiles (WAP) benötigt. Für die Innenprofile werden jeweils 30 mm abgerechnet, für die Endkappen 3 mm. Die Außenprofile sind bündig mit der Mauerkante anzusetzen.

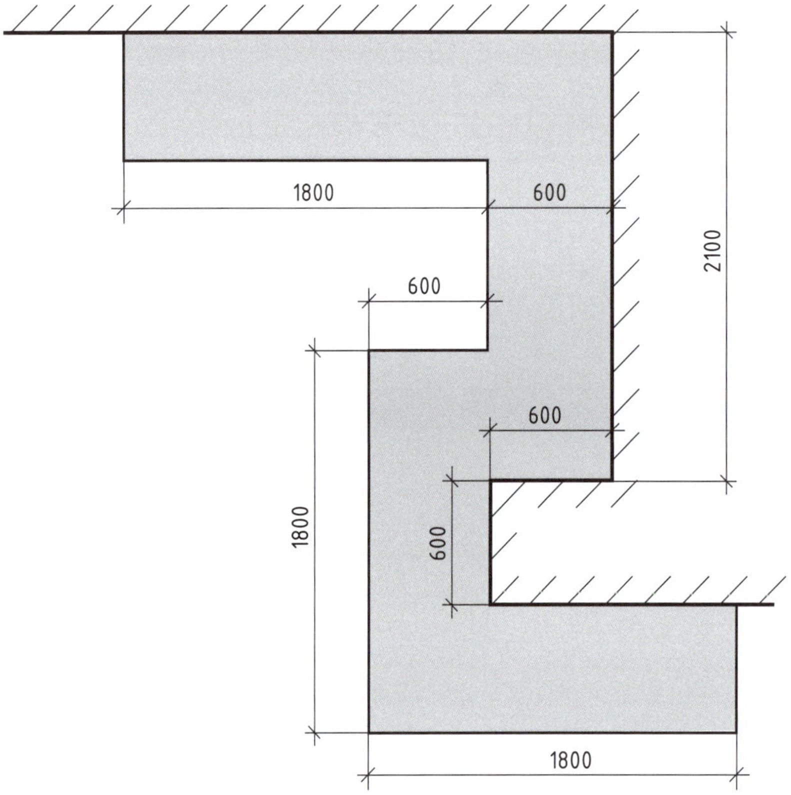

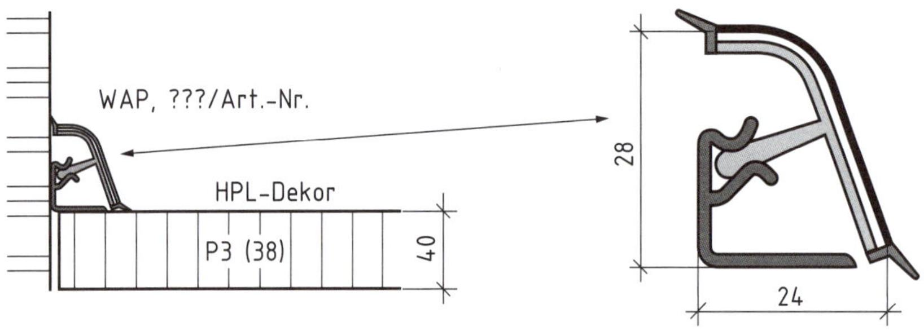

Name:	Klasse:	Datum:	Blatt 7/9

Berechnungen

1. Bei der Küchenmöbelproduktion werden in 8 Stunden 8600 Holzdübel verarbeitet. Wie viel Holzdübel benötigt das Werk bei einem 14 stündigen Arbeitstag?

2. Ihr Chef vergleicht zwei Montageaufträge zweier arbeitender Arbeitsteams (die Arbeitsleistung aller Monteure ist ungefähr gleich einzuschätzen). Das erste Team besteht aus 2, das zweite Team aus 3 Monteuren. Das erste Team hatte für eine Küchenmontage 11 Korpen (inkl. Arbeitsplatte), das zweite 14 Korpen (inkl. Arbeitsplatte) zu montieren. Die Montagezeit für das erste Team betrug 6 Stunden.
Leider lässt sich auf dem Blatt nicht mehr die Montagezeit für das zweite Team erkennen.

a) Wie viel Montagezeit benötigte das zweite Team?
b) Wie viel Monteure muss ihr Chef bei einer angesetzten Montagezeit von 8 Stunden und 6 Korpen mitschicken?

7.7 Küchen

Name:	Klasse:	Datum:	Blatt 8/9

Klappen

1. Ordnen Sie mithilfe von Pfeilen die Begriffe den Abbildungen zu.

Hochfalt-Beschlag

Hochlift-Beschlag

Hochklapp-Beschlag

Einschwenk-Beschlag

Hochschwenk-Beschlag

Klappenhalter

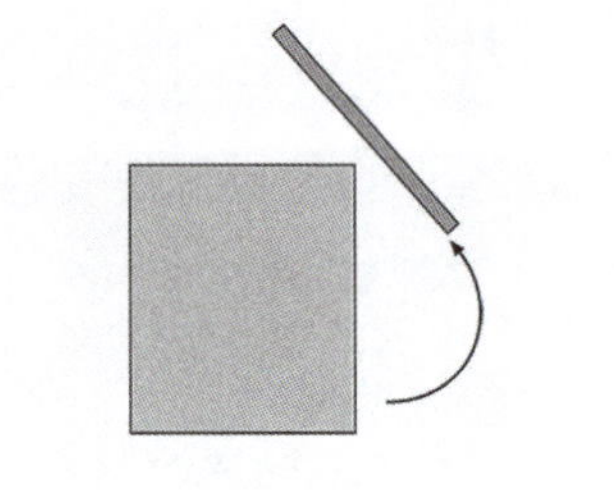

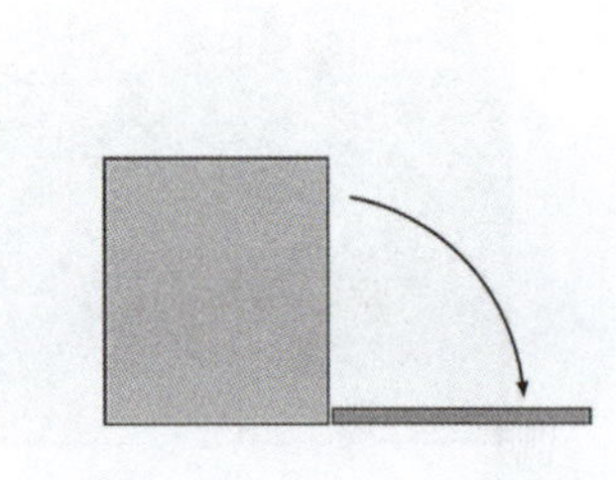

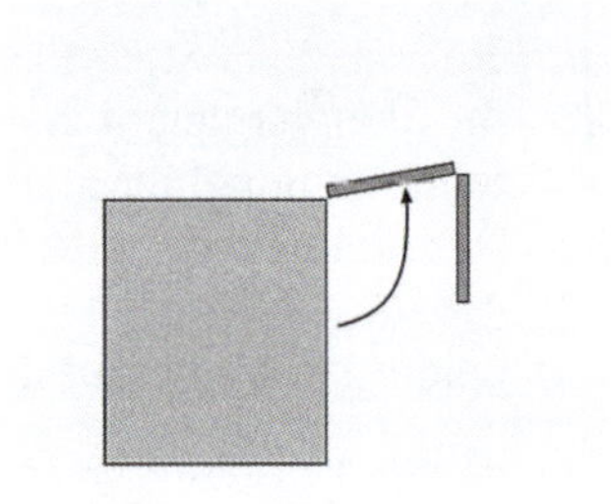

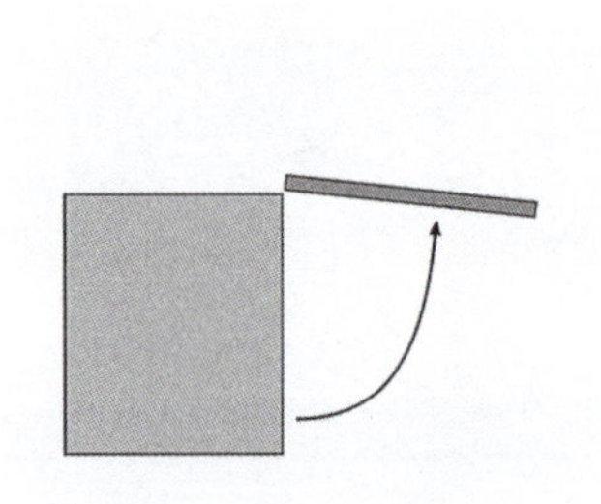

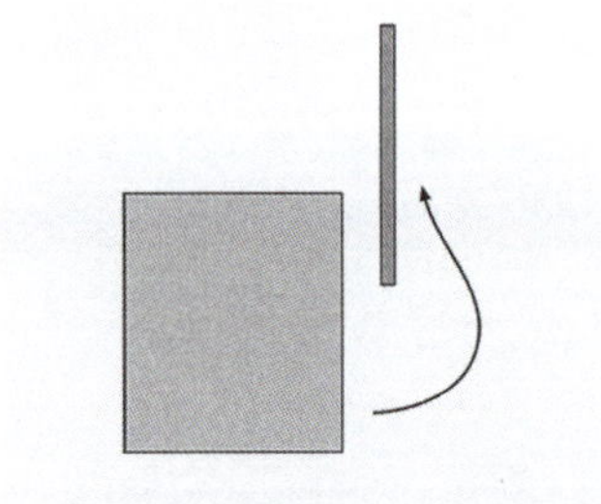

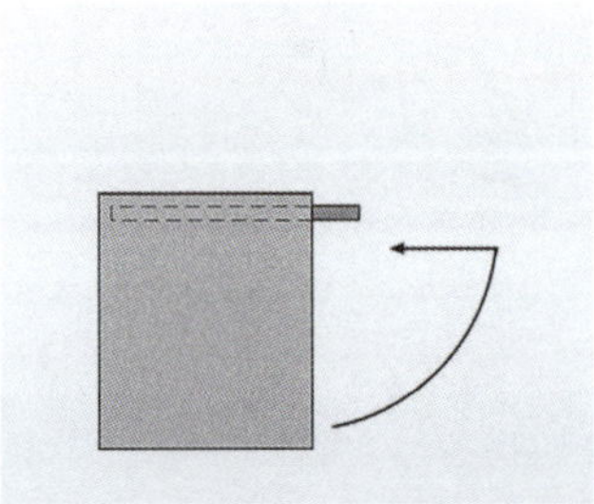

Klappen

1. Für einen Hängeschrank soll eine Klappenstütze eingebaut werden.
Das Klappengewicht darf max. 5,1 kg (MDF-19 mm) betragen.
Die Klappenhöhe beträgt 60 cm.

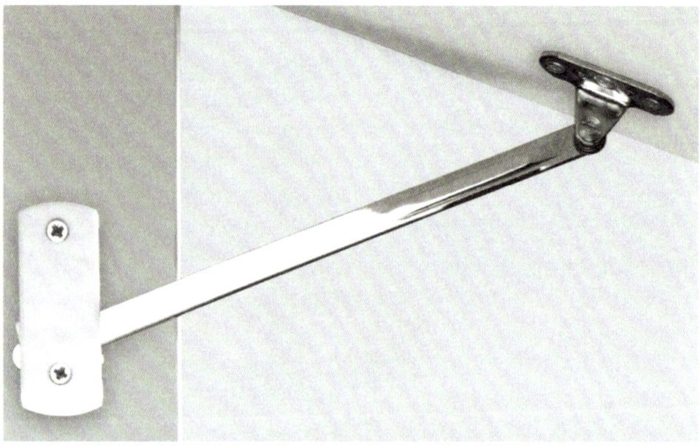

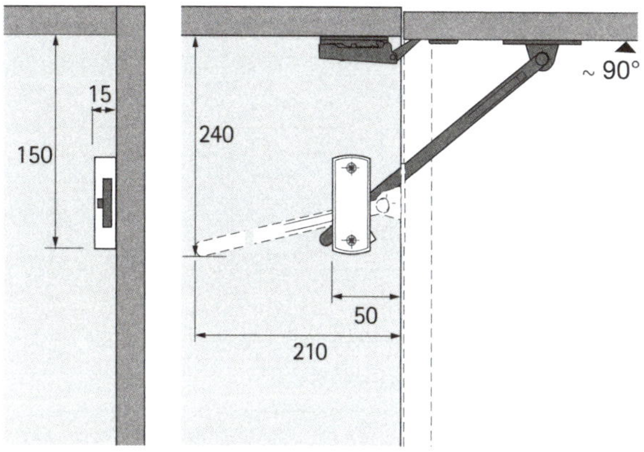

a) Wie breit darf die Klappe nach Tabelle maximal sein?

Gewichtstabelle für MDF-Platte

MDF	Klappenbreite mm												
Klappenhöhe mm	300	400	500	600	700	800	900	1 000	1 100	1 200	1 300	1 400	1 500
300	1,5	2,1	2,6	3,1	3,6	4,1	4,6	5,1	5,6	6,2	6,7	7,2	7,7
350	1,8	2,4	3,0	3,6	4,2	4,8	5,4	6,0	6,6	7,2	7,8	8,4	9,0
400	2,0	2,7	3,4	4,1	4,8	5,5	6,2	6,8	7,5	8,2	8,9	9,6	10,3
450	2,3	3,1	3,9	4,6	5,4	6,2	6,9	7,7	8,5	9,2	10,0	10,8	11,5
500	2,6	3,4	4,3	5,1	6,0	6,8	7,7	8,6	9,4	10,3	11,1	11,9	12,8
550	2,8	3,8	4,7	5,6	6,6	7,5	8,5	9,4	10,4	11,3	12,2	13,2	14,1
600	3,1	4,1	5,1	6,2	7,2	8,2	9,2	10,3	11,3	12,3	13,3	14,4	15,4
650	3,3	4,5	5,6	6,7	7,8	8,9	10,0	11,1	12,2	13,3	14,5	15,6	16,7
700	3,6	4,8	6,0	7,2	8,4	9,6	10,8	12,0	13,2	14,4	15,6	16,8	18,0
750	3,9	5,1	6,4	7,7	9,0	10,3	11,5	12,8	14,1	15,4	16,7	18,0	19,2
800	4,1	5,5	6,8	8,2	9,6	10,9	12,3	13,7	15,1	16,4	17,8	19,2	20,5
850	4,4	5,8	7,3	7,7	10,2	11,6	13,1	14,5	16,0	17,4	18,9	20,4	21,8
900	4,6	6,2	7,7	9,2	10,8	12,3	13,9	15,4	16,9	18,5	20,1	21,6	23,1
950	4,9	6,5	8,1	9,8	11,4	13,0	14,7	16,3	17,9	19,5	21,1	22,7	24,4

Klappengewicht in kg (MDF: 19 mm dick, Dichte = 900 kg/m^3)

b) Die Klappenhöhe eines weiteren montierten Hängeschrankes beträgt 65 cm. DIe Klappenbreite beträgt 60 cm. Wie groß darf das Klappengewicht werden?

8 Treppen

8.1 Grundbegriffe der Bauweisen

Name:	Klasse:	Datum:	Blatt 1/3

1. Ordnen Sie den Begriffen die Nummern aus der Darstellung zu.

Antrittstufe	
b = Gesamtstufenbreite	
a = Auftritt	
Antrittpfosten	
Freiwange	
u = Unterschneidung	
d = Stufendicke	
oberes Wangenbesteck	
Austrittstufe	
H = Geschosshöhe	
Wandwange	
L = Lauflänge	
s = Steigung	

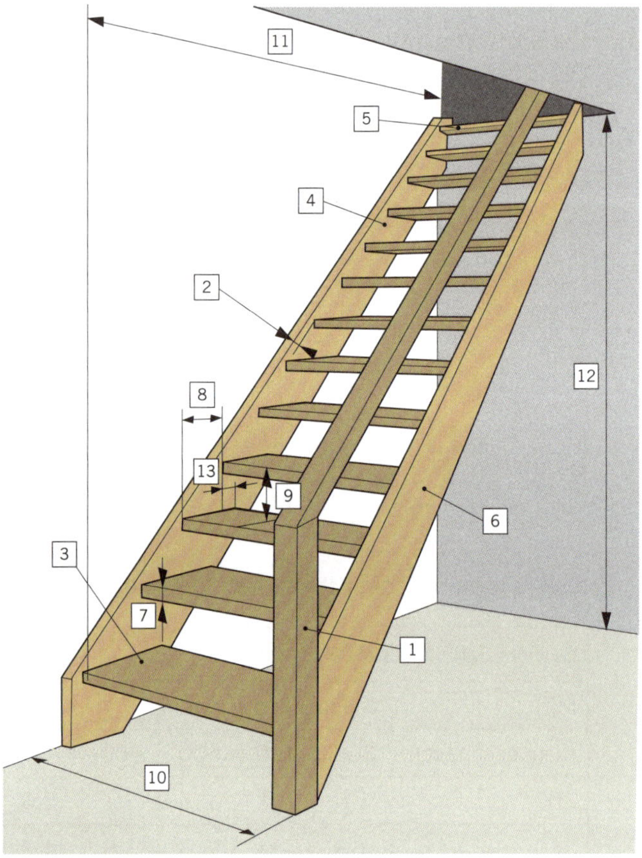

2. Wie nennen sich die dargestellten Treppenformen?

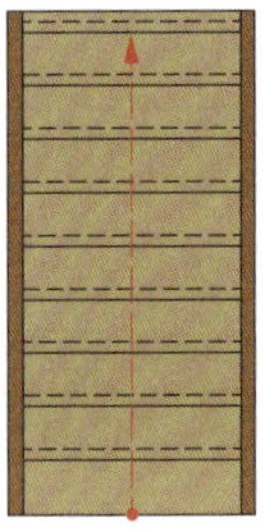

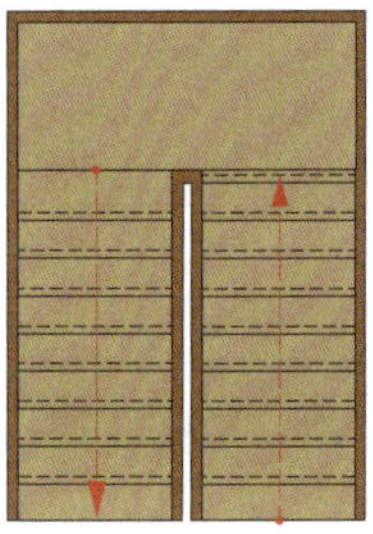

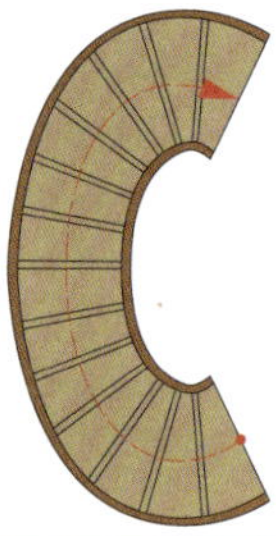

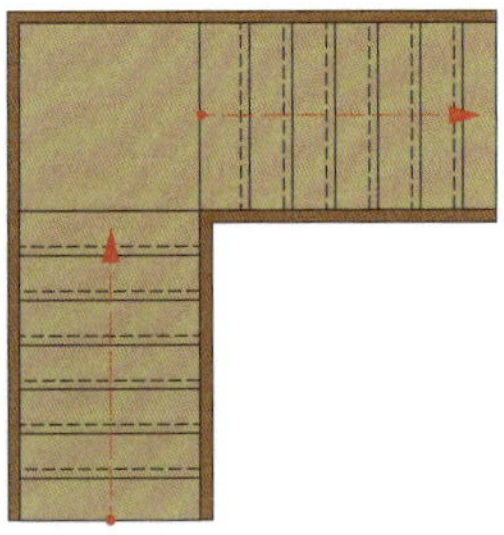

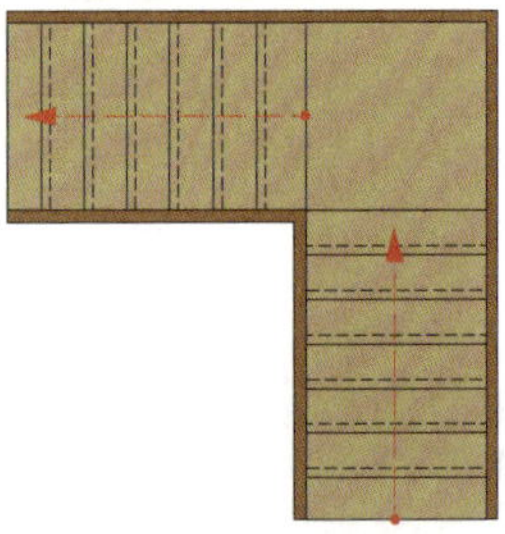

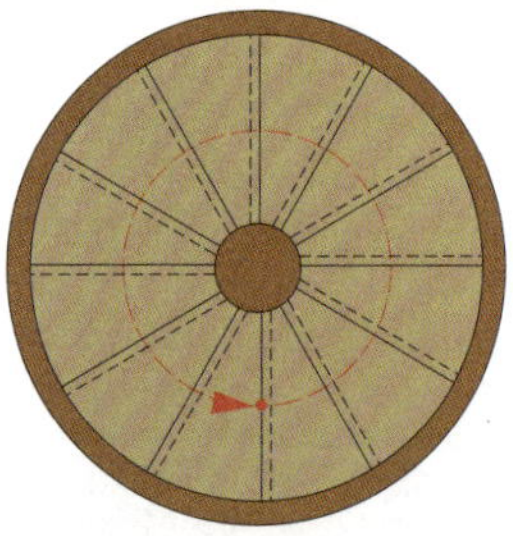

8.1 Grundbegriffe der Bauweisen

Name:	Klasse:	Datum:	Blatt 2/3

1. Ermitteln Sie Ihre persönliche Schrittlänge und legen Sie eine angenehme Steigungshöhe für sich fest.

$a =$

$s =$

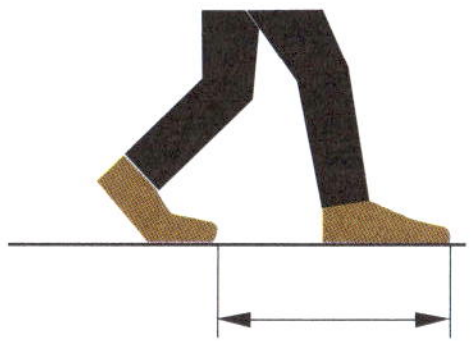

Überprüfe deine Werte anhand der aufgeführten Regeln!

Sicherheitsregel: $a + s = 46$ cm

Bequemlichkeitsregel: $a - s = 12$ cm

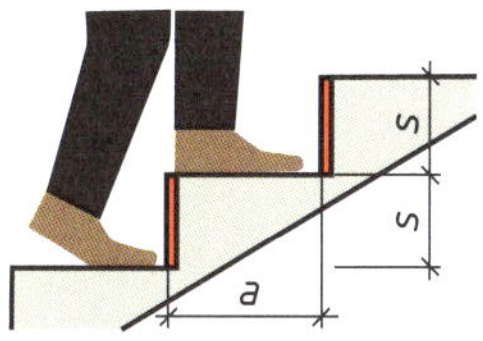

2. Die Geschosshöhe *H* wurde mit 2,80 m ermittelt. Wie viele Steigungen *n* ergeben sich?

3. Berechnen Sie die Steigungshöhe *s*.

4. Berechnen Sie die Auftrittsbreite *a* nach der Schrittmaßregel.

5. Legen Sie die Anzahl der Auftritte fest.

6. Bestimmen Sie anhand einer Rechnung die Lauflinienlänge *L*.

8.1 Grundbegriffe der Bauweisen

Name:	Klasse:	Datum:	Blatt 3/3

1. Erstellen Sie die schematische Zeichnung (Vorderansicht und Draufsicht mit einfachen Linien) der berechneten Treppe (siehe Seite 95).
   Wählen Sie einen geeigneten Maßstab und zeichnen Sie anschließend die Auftritte.

9 Wärme- und Feuchtschutz
9.1 Wärmestörung

Name:	Klasse:	Datum:	Blatt 1/1

1. Beschreiben Sie die Wärmeströmung in einem Raum mithilfe der Abbildung.

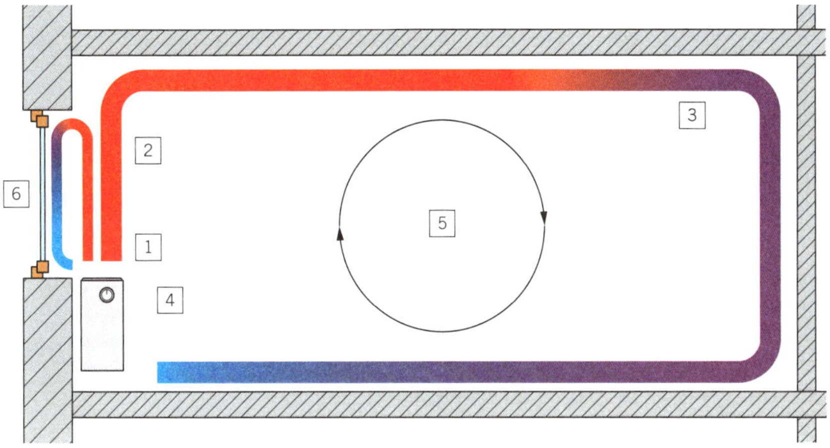

1)

2)

3)

4)

5)

6)

2. In welchen Bereichen könnte es zu einer Schimmelbildung kommen?
Begründen Sie Ihre Aussage.

3. Welche konstruktionsbedingten Maßnahmen empfehlen Sie?

9.2 Luftfeuchte

Name:	Klasse:	Datum:	Blatt 1/1

1. Ermitteln Sie anhand der Grafik die folgenden absoluten Luftfeuchtemengen.

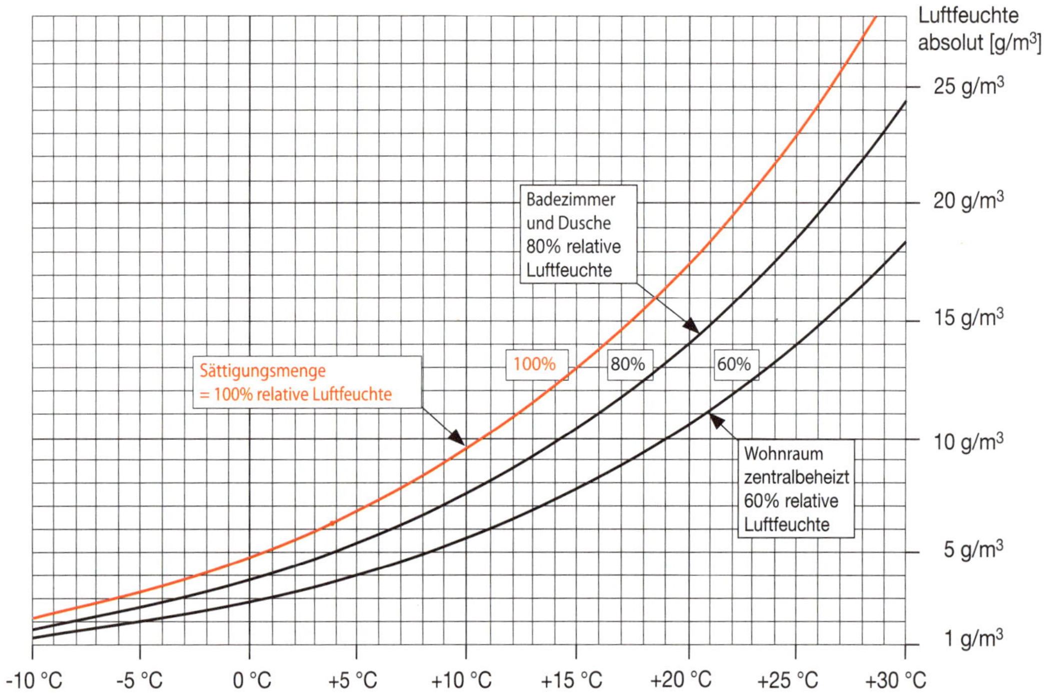

Raum	Luftfeuchte	Temperatur	absolute Luftfeuchte g/m³
Wohnzimmer	60 %	25°	
Wohnzimmer	60 %	15°	
Wohnzimmer	80 %	10°	
Badezimmer	80 %	25°	
Badezimmer	80 %	15°	
Schlafzimmer	60 oder 80 % ?	20°	14

2. Ein Wohnzimmer mit einer Temperatur von 20 °C und einer Luftfeuchte von 6,29 g/m³ (36 %) kühlt sich, da die Besitzer in den Skiurlaub gefahren sind, auf 0° ab. Beschreiben Sie den Vorgang mithilfe der Grafik. Tritt evtl. sogar Tauwasser aus?

9.3 Wandtemperaturverlauf

Name:	Klasse:	Datum:	Blatt 1/1

1. Welche Schichten werden durch die Schraffuren dargestellt?

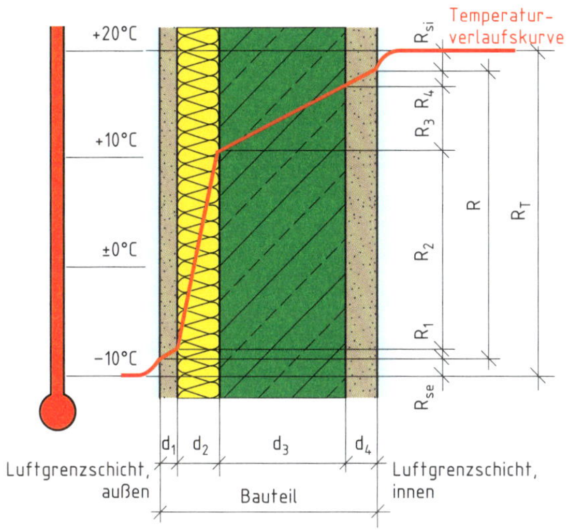

2. Wofür stehen R, R_T, R_{si} und R_{se}?

3. Beschreiben Sie den Temperaturverlauf im dargestellten mehrschichtigen Bauteil.

4. Warum fällt der Temperaturverlauf in den Luftgrenzschichten kurvenförmig leicht ab?

5. Aus welchem Grund ist der Temperaturverlauf in der Dämmschicht sehr steil?

9.4 Berechnung

Name:	Klasse:	Datum:	Blatt 1/1

1. Wie groß ist der Gesamtdurchlasswiderstand R_{ges} der Wand?
d_1 = 9,5 mm Gipskartonplatte
d_2 = 24 cm Vollziegelmauerwerk
d_3 = 5 cm Holzwolle-Leichtbauplatte
d_4 = 1,5 cm Kalk-Zementputz

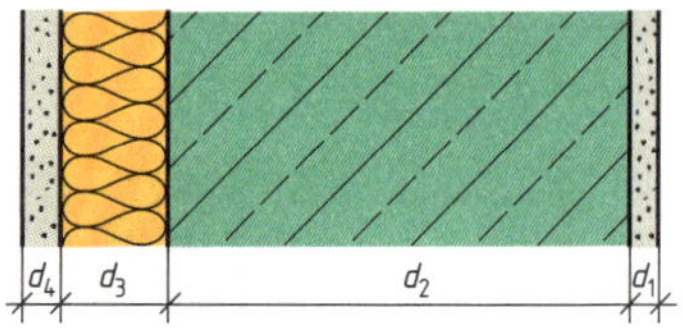

2. Die Außenwand eines Wochenendhauses aus Holz hat in den Feldern zwischen den senkrechten Balken folgenden Aufbau:
d_1 = 2,2 cm Spanplatte
d_2 = Mineralfaserdämmmatte der W.-Gr. 0,45
d_3 = „Stehender“ Luftraum mit $R = 0{,}17\ m^2 \cdot K/W$
d_4 = 2 mm Bitumenbahn
d_5 = 20 mm Fichtenholzbretter
Berechnen Sie die Mindestschichtdicke d_2 der Dämmmatte.

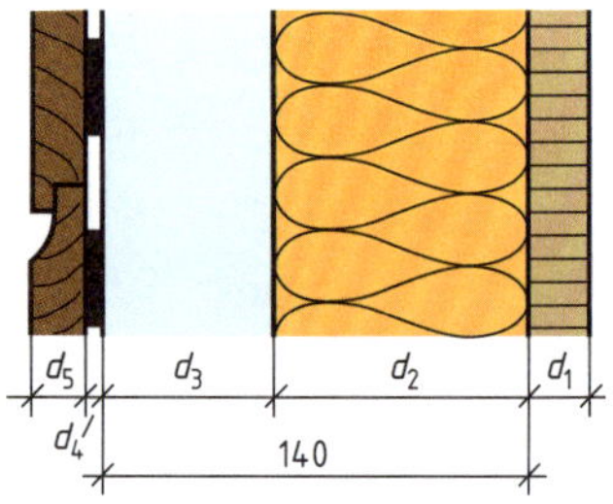

9.5 Anwendungsbeispiele

Name:	Klasse:	Datum:	Blatt 1/1

1. Sie erhalten ein Thermographiebild eines Gebäudes. Was erkennen Sie?

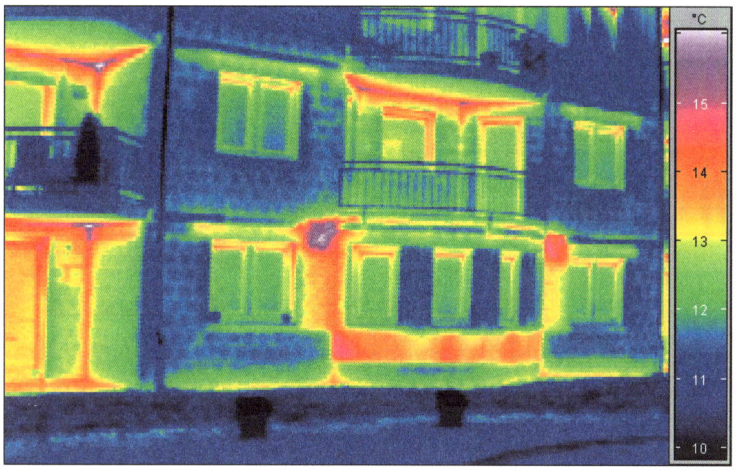

2. Beschreiben Sie die Wirkung des Wandschrankes auf den Wärmefluss.

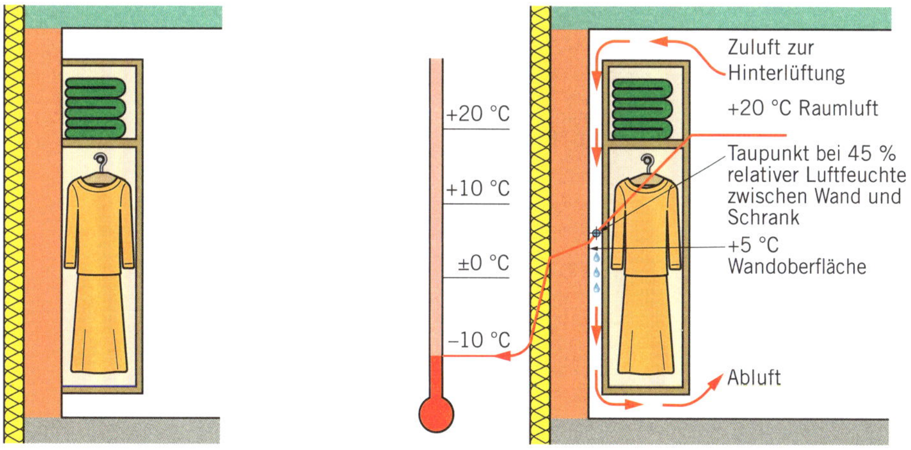

3. Was ändert sich, wenn der Schrank hinter lüftet wird.

9.6 Energiegewinne und -verluste

Name:	Klasse:	Datum:	Blatt 1/1

1. Welche Energiegewinne bzw. -verluste sind im Einzelnen in der Grafik dargestellt?

Gewinne:

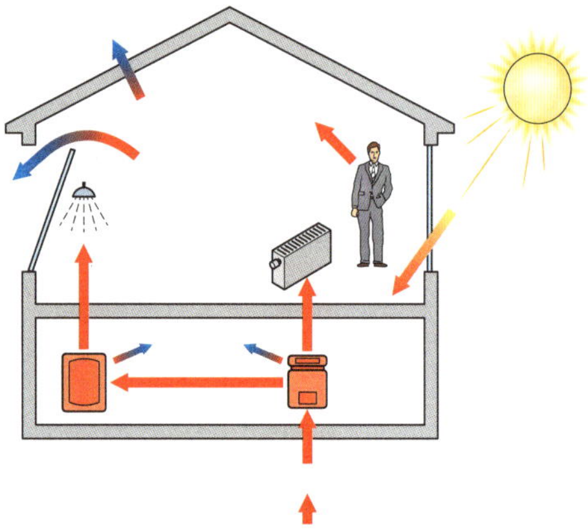

Verluste:

2. Die Grafik stellt einen allgemeinen Zusammenhang zwischen Energiegewinnen und Energieverlusten bei Neubauten dar.

Beschreiben Sie die Grafik.

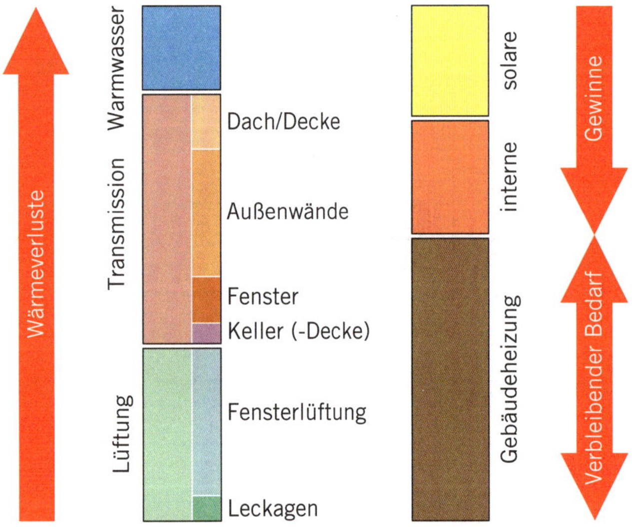

10 Schallschutz

10.1 Schallschutz – Begriffe

Name:	Klasse:	Datum:	Blatt 1/1

1. Welche Form des Schalles wird erzeugt? Weisen Sie Luftschall, Trittschall und Körperschall den Situationen zu.

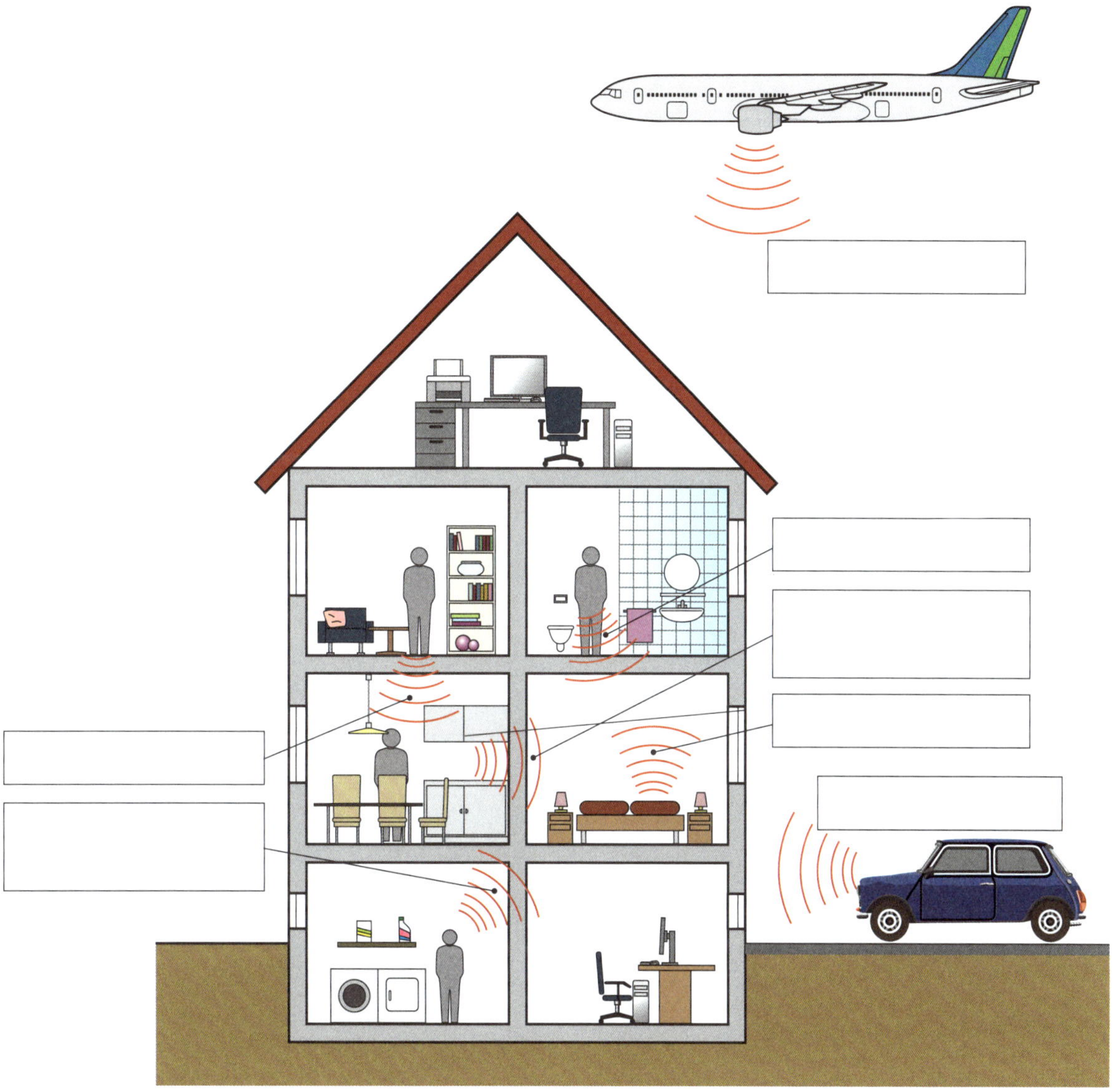

2. Weisen Sie die unterschiedlichen Schalldruckarten zu:
Maschinengeräusch, Klang, Impuls (Hammerschlag), gleichmäßiger Ton

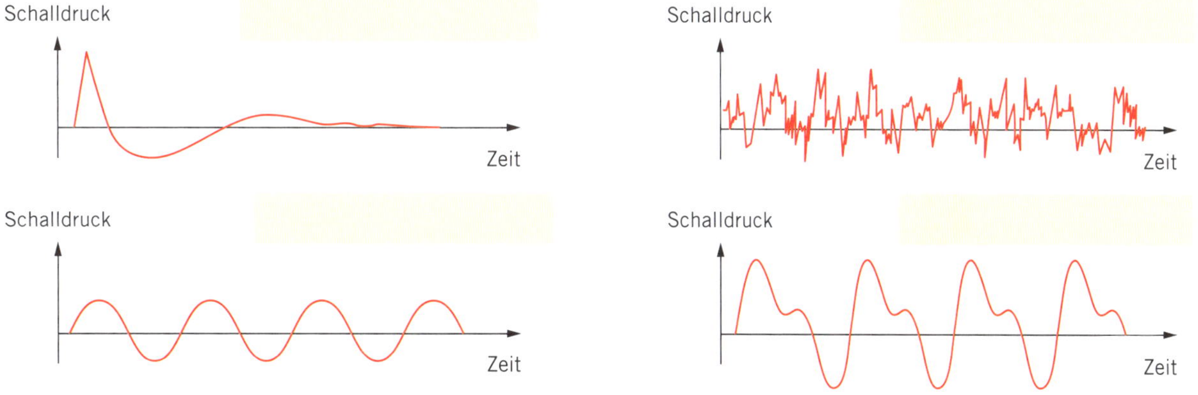

10.2 Schallschwingung

Name:	Klasse:	Datum:	Blatt 1/1

1. Fügen Sie die technischen Begriffe ein.

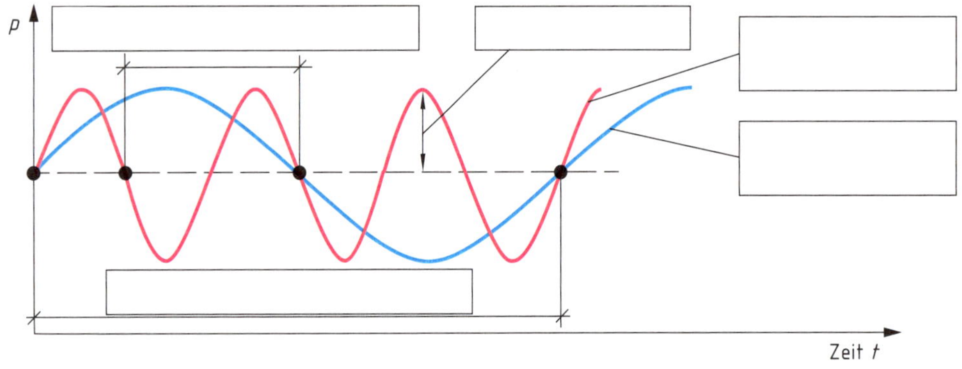

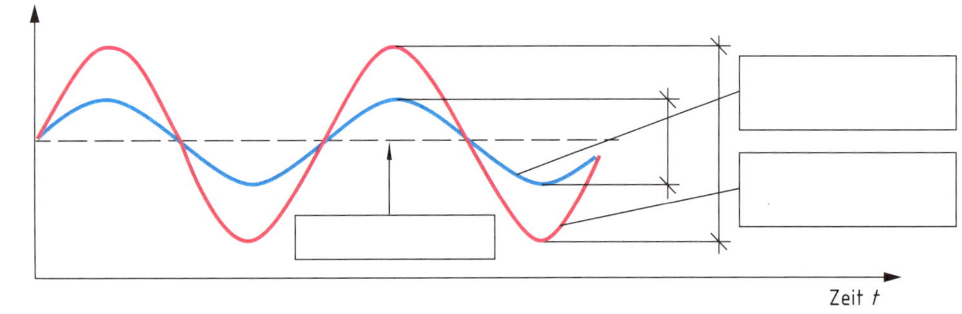

2. Geben Sie die Schallgeschwindigkeit in m/s für die aufgeführten Elemente an.

Luft		Nadelholz		Kupfer	
Wasser		Hartholz		Stahl	

3. Geben Sie Beispiele für den jeweiligen Schallpegel an.

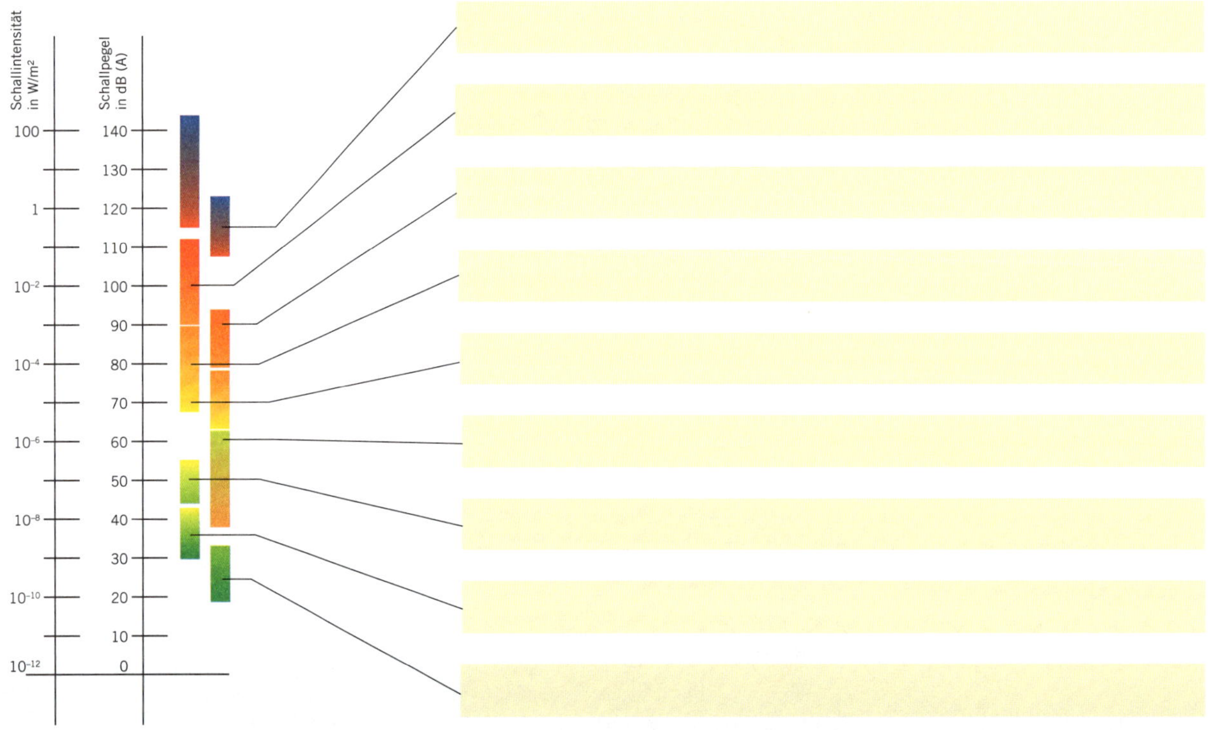

10.3 Schallabsorptionsgrad α

Name:	Klasse:	Datum:	Blatt 1/1

1. Für welche Frequenzen setzt man die aufgeführten Platten ein?

Plattenart	Frequenzbereich	
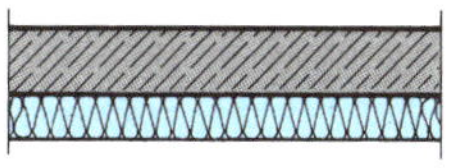 poröser Schallschlucker	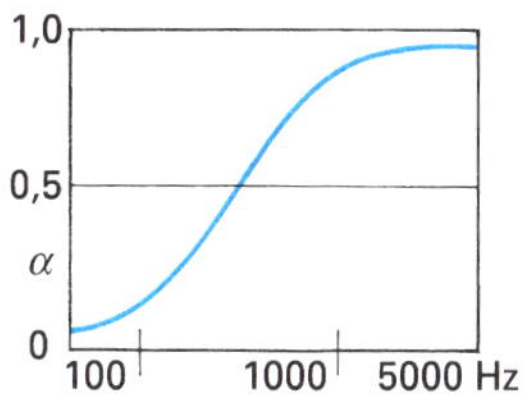	
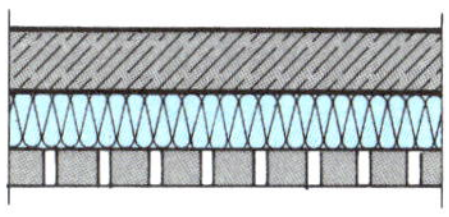 mit perforierter Abdeckung	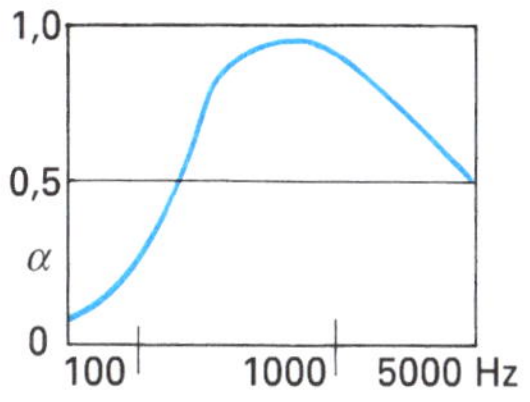	
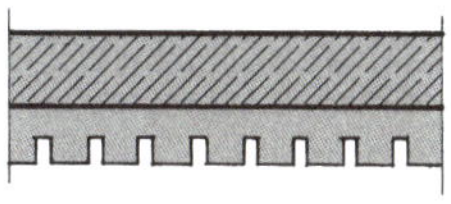 Akustikplatte	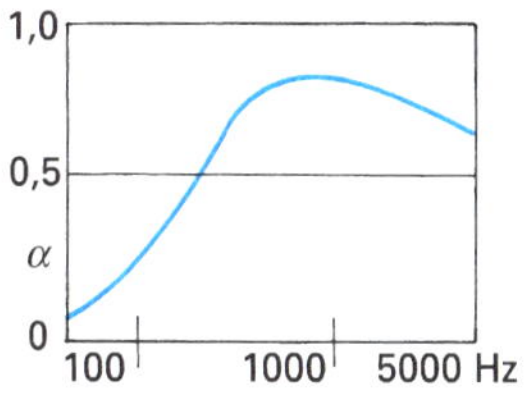	
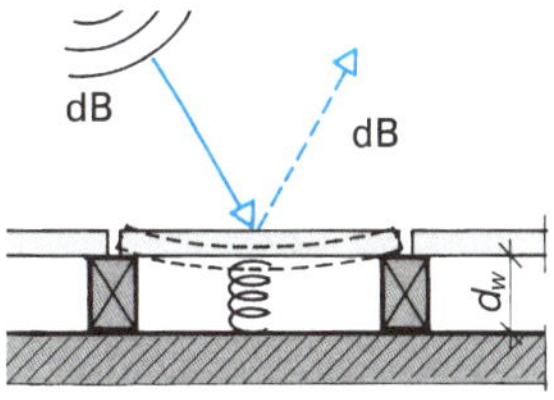	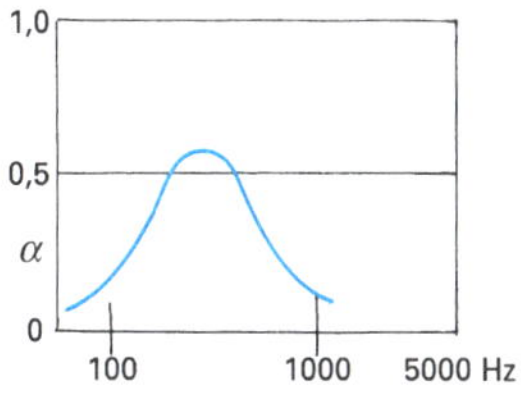	

2. Nennen Sie die schalltechnischen Einflussfaktoren bei Ständerwerken.

Einflussfaktor	besser	schlechter
		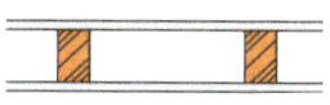
	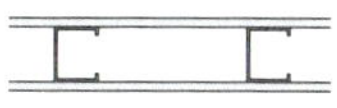	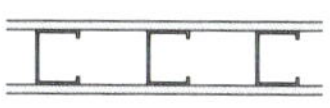
	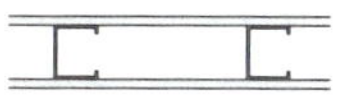	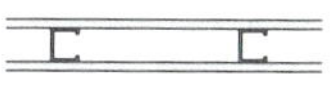
	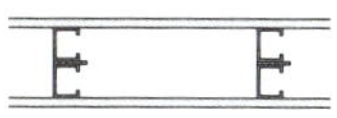	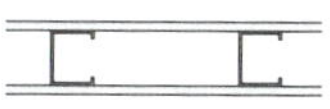
	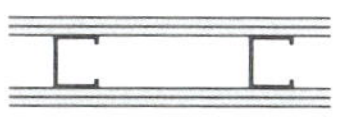	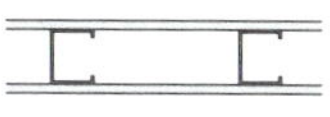
	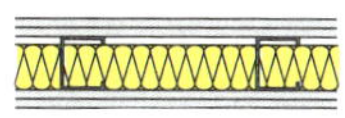	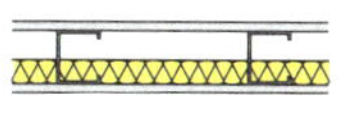

11 Brandschutz

11.1 Baustoffklassen

Name:	Klasse:	Datum:	Blatt 1/1

1. Ordnen Sie den unten dargestellten Abbildungen die jeweilige Baustoffklasse zu.

Baustoff-klasse		**Baustoff-klasse**	
A1	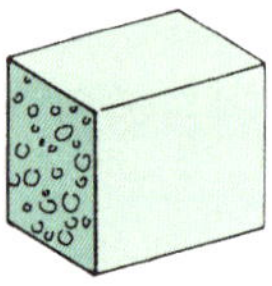 Beton		 Holzwolle
	 Holz $d \geq 2$ mm		 Stahl
	 Gips-Feuerschutzplatten DF		 Spanplatten
	 Mauerwerk		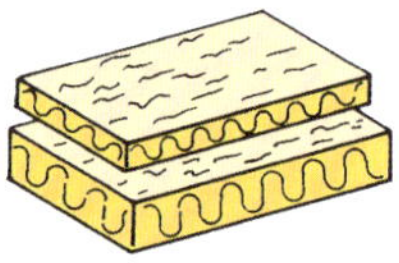 Mineral-Dämmwolle
	 PVC Fußbodenbeläge		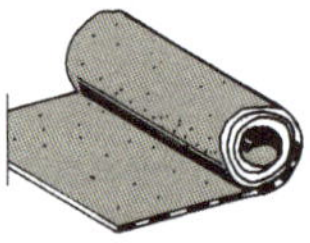 Dachpape
	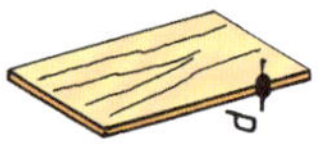 Holz, Holzwerkstoffe $d < 2$ mm		 Gipsplatten
	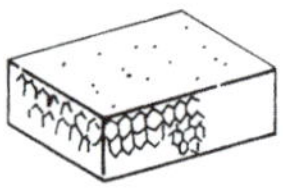 Polystyrol PSWU		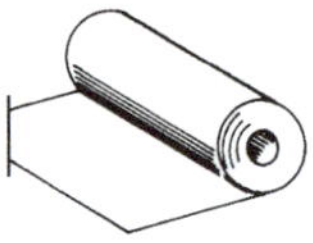 Papiere

11.2 Klassifizierte Leistungsarten

Name:	Klasse:	Datum:	Blatt 1/1

1. Um die charakteristischen Leistungseigenschaften fassen zu können, wurden Codes zur klassifizierten Leistungsart festgelegt. Beschreiben bzw. erklären Sie die aufgeführten Codes.

Codes	allg. Bedeutung	Beschreibung
R	Tragfähigkeit	
E		Fähigkeit eines Bauteils mit raumtrennender Funktion, • der Beanspruchung eines nur an einer Seite angreifenden Feuers so zu widerstehen, dass • ein Feuerdurchtritt zur unbeflammten Seite als Ergebnis des Durchtritts von Flammen oder heißer Gase verhindert wird.
M		
I		
S		

12 Fensterbau
12.1 Begriffe

Name:	Klasse:	Datum:	Blatt 1/1

1. Ordnen Sie die unten stehenden Begriffe und Symbole der Abbildung zu.

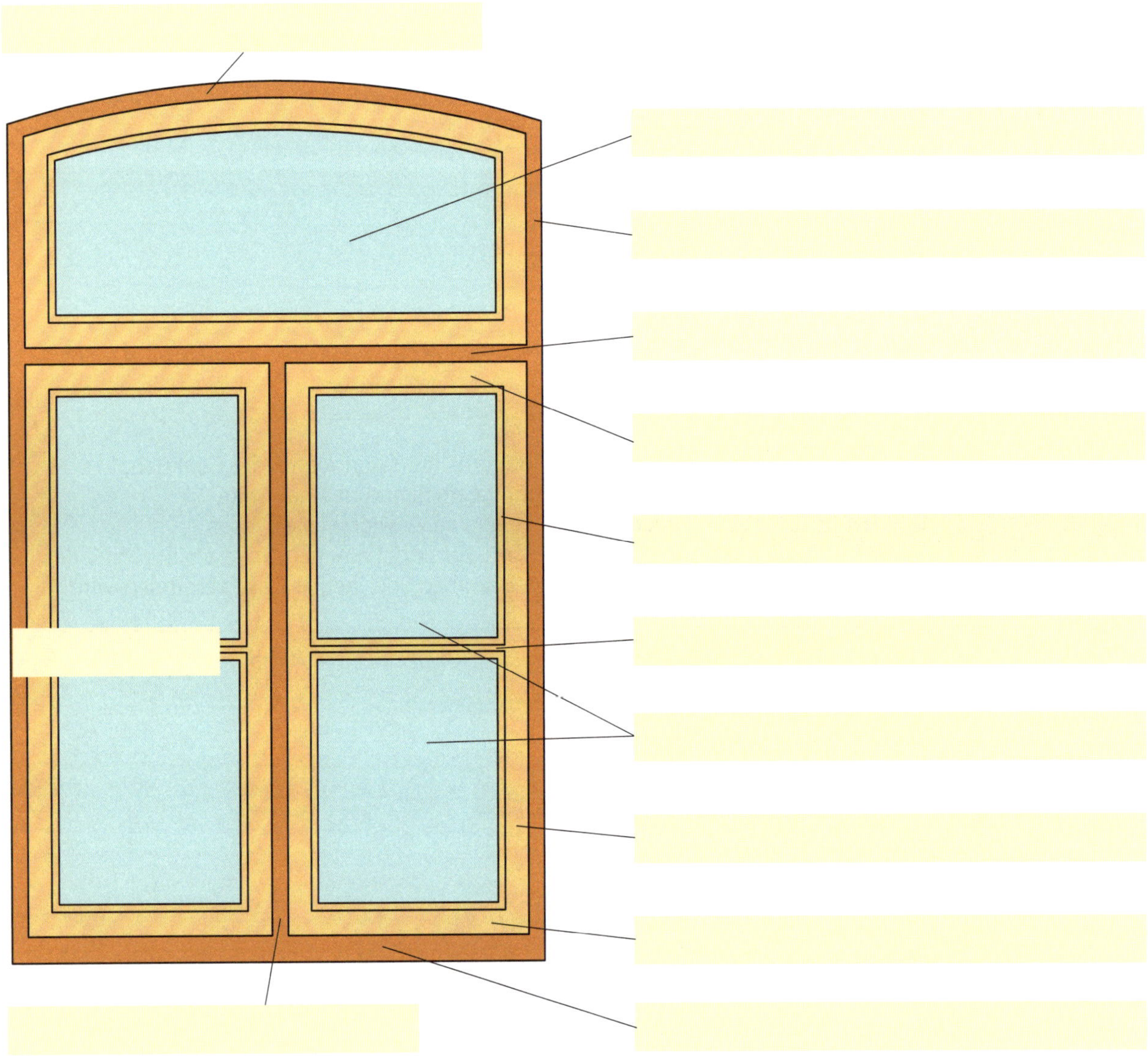

oberes Blendrahmenholz als Stichbogen · aufrechtes Blendrahmenholz · Riegel (Kämpfer)

Kippflügel als Oberlicht · oberes Flügelholz · Drehflügel · Pfosten (Setzholz)

unteres Blendrahmenholz · Glashalteleiste · Sprosse · aufrechtes Flügelholz

unteres Flügelholz · Drehkippflügel

12.2 Öffnungs- und Anschlagarten

Name:	Klasse:	Datum:	Blatt 1/1

1. Geben Sie die Bezeichnung der jeweiligen Öffnungsart an.

2. Zeichnen Sie die entsprechenden Sinnbildlinien in die vorgegebenen Rechtecke ein.

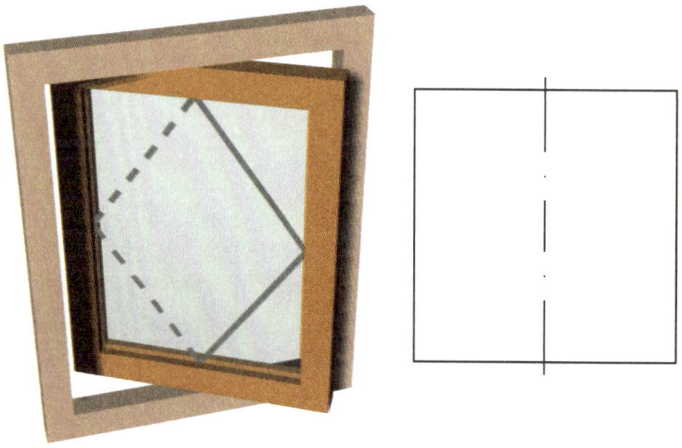

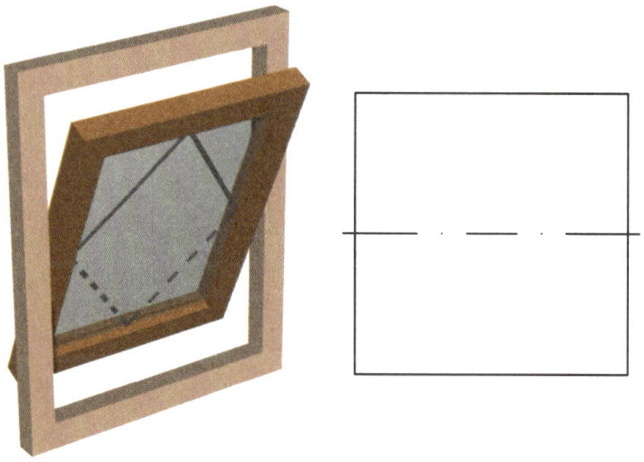

12.3 Fensterquerschnitt

Name:	Klasse:	Datum:	Blatt 1/1

1. Zeichnen Sie die fehlenden Schraffuren ein. Beschriften Sie die obere Abbildung.

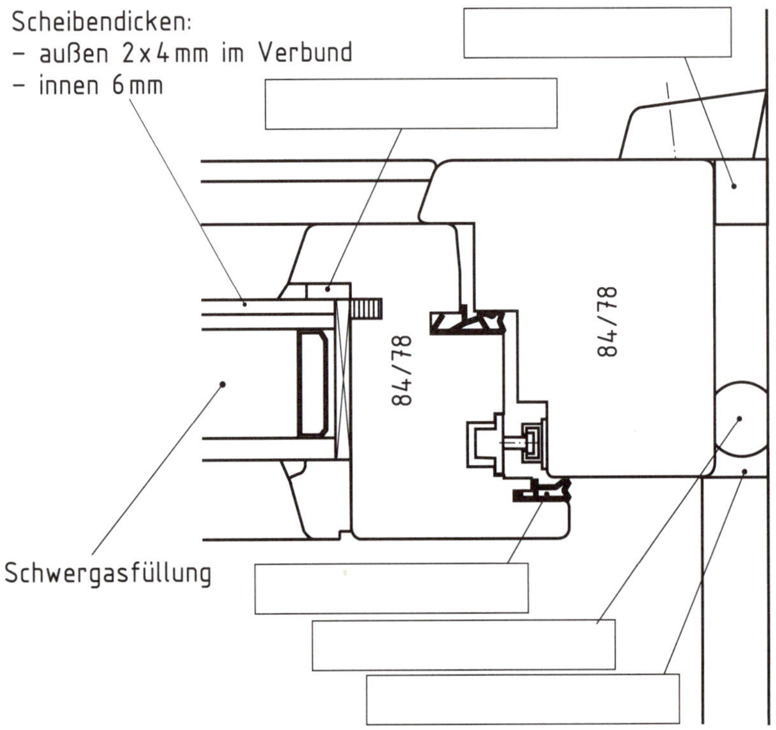

IV 84 – Seitlicher Fensterquerschnitt

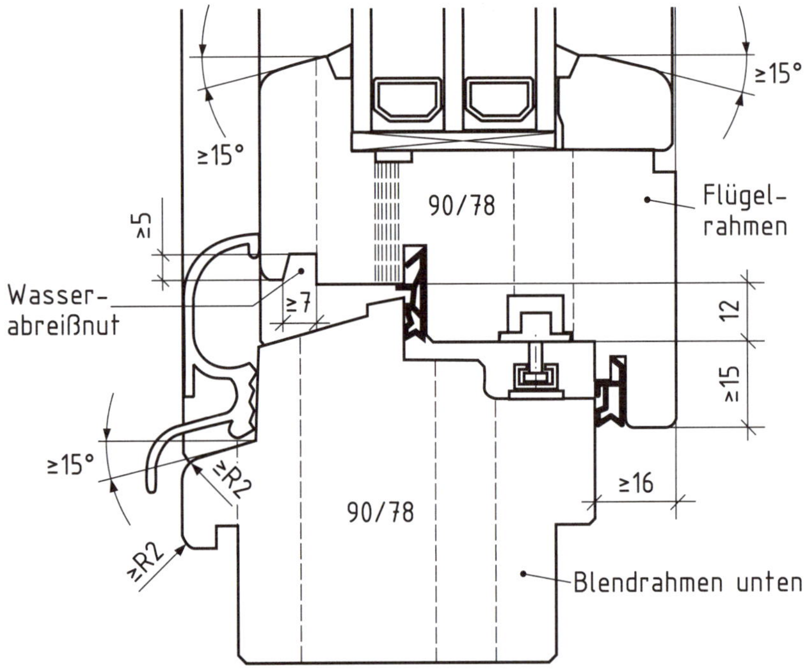

IV 92 – unterer Fensterquerschnitt

2. Leiten Sie die Nenn- und Mindestdicke von den dargestellten Profilquerschnitten ab.

IV 78 – Nenndicke = ____ Mindestdicke = ____

IV 92 – Nenndicke = ____ Mindestdicke = ____

12.4 Fensterbauarten

Name:	Klasse:	Datum:	Blatt 1/1

1. Skizzieren Sie schematisch die Fensterbauart.

Einfachfenster	Doppelfenster
Verbundfenster	Kastenfenster

2. Unterscheiden Sie die Maueranschlagarten mithilfe von Skizzen.

ohne Anschlag	Innenanschlag	Außenanschlag

12.5 Verglasung

Name:	Klasse:	Datum:	Blatt 1/1

1. Benennen Sie die Verglasungsart und geben Sie das Kurzzeichen der Verglasung an.

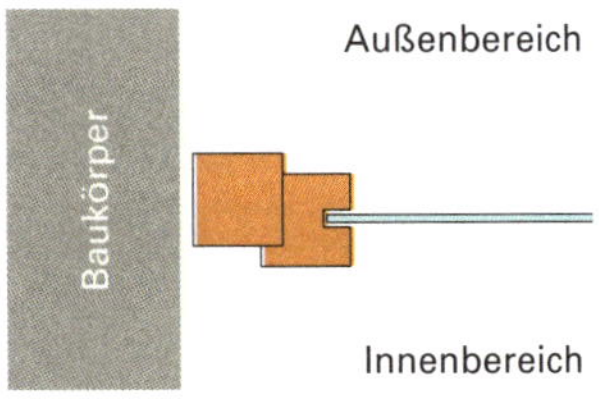

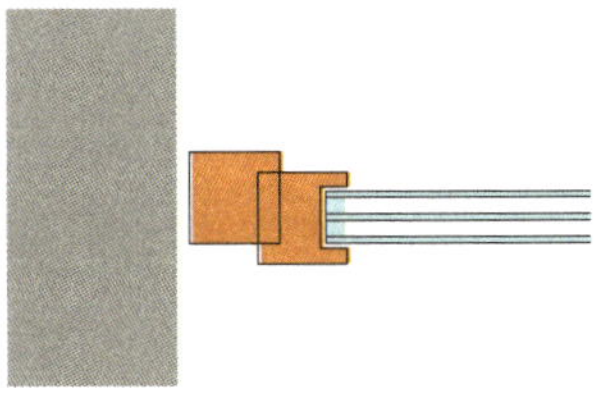

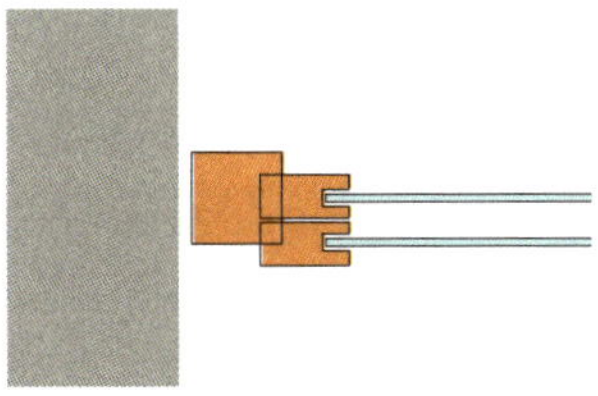

2. Zeichnen Sie das Symbol der Öffnungsart und die Lage der Trag- und Distanzklötze ein.

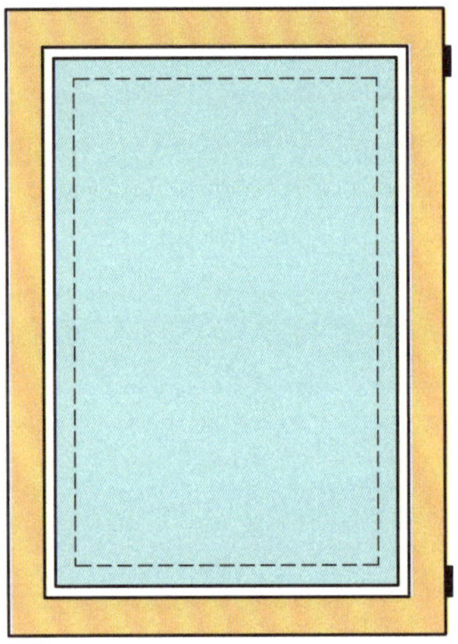

Drehflügel

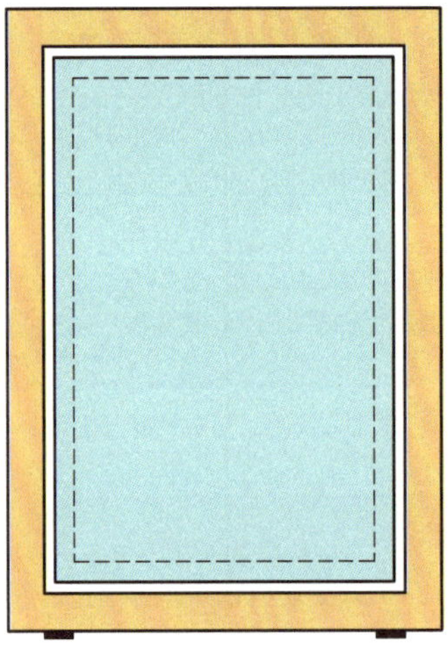

Kippflügel

Drehkippflügel

Festverglasung

Schiebeflügel

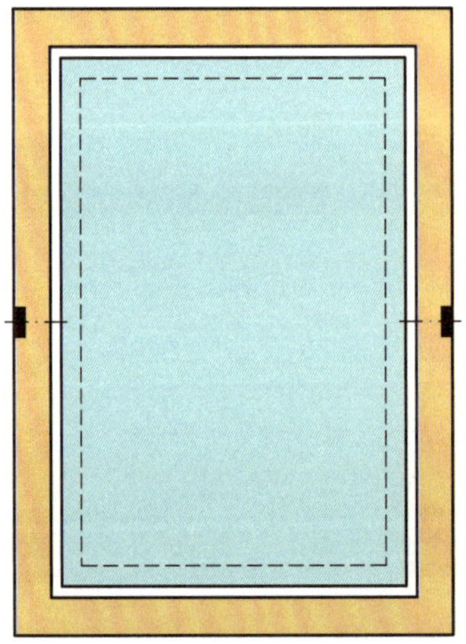

Schwingflügel

12.6 Fensterbeschlag

Name:	Klasse:	Datum:	Blatt 1/3

Drehkippbeschlag

1. Tragen Sie am dargestellten Beispiel eines Drehkippbeschlages die entsprechende Nummer des jeweiligen Beschlagteiles ein.

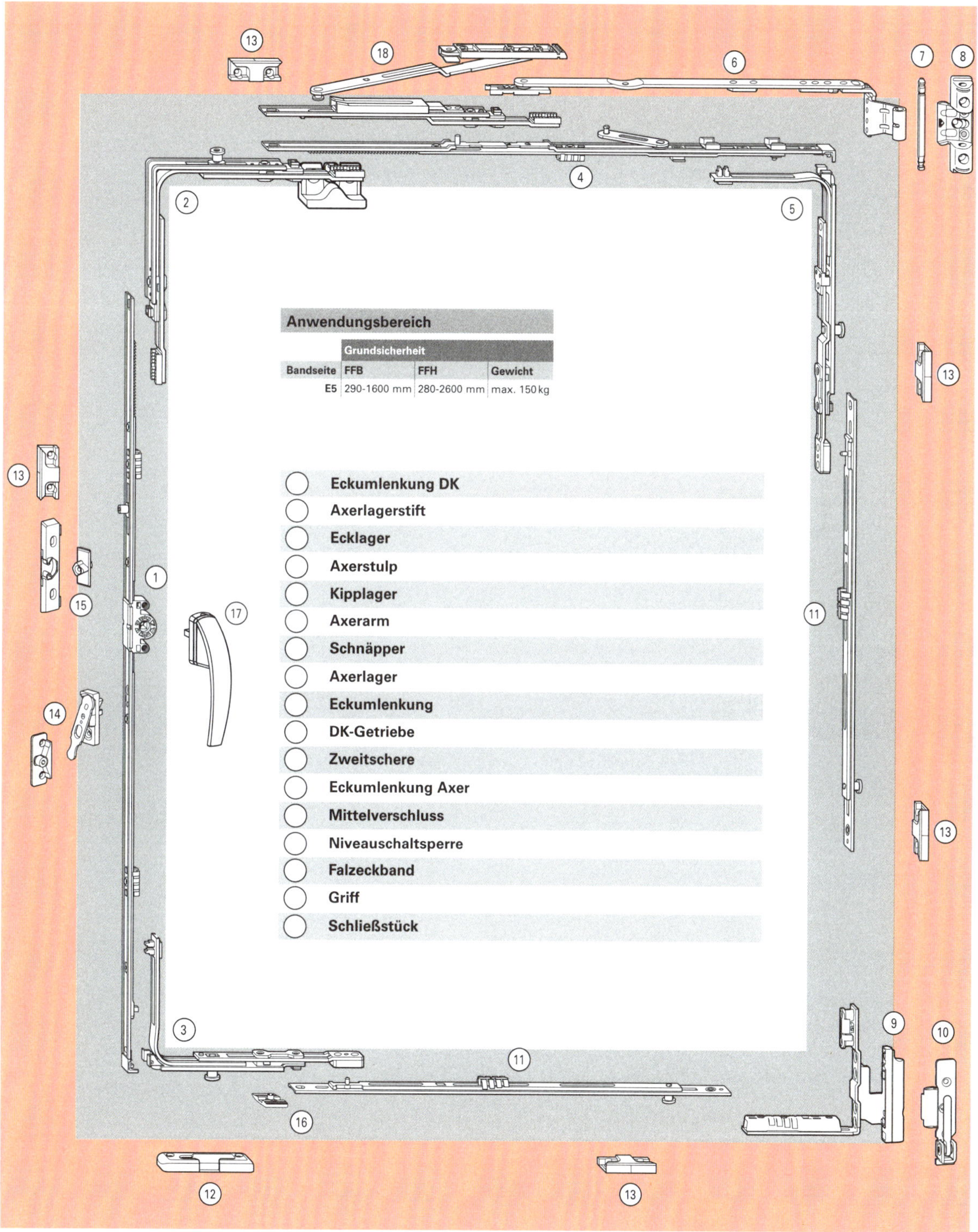

Anwendungsbereich

	Grundsicherheit		
Bandseite	**FFB**	**FFH**	**Gewicht**
E5	290-1600 mm	280-2600 mm	max. 150 kg

- ◯ **Eckumlenkung DK**
- ◯ **Axerlagerstift**
- ◯ **Ecklager**
- ◯ **Axerstulp**
- ◯ **Kipplager**
- ◯ **Axerarm**
- ◯ **Schnäpper**
- ◯ **Axerlager**
- ◯ **Eckumlenkung**
- ◯ **DK-Getriebe**
- ◯ **Zweitschere**
- ◯ **Eckumlenkung Axer**
- ◯ **Mittelverschluss**
- ◯ **Niveauschaltsperre**
- ◯ **Falzeckband**
- ◯ **Griff**
- ◯ **Schließstück**

12.6 Fensterbeschlag

Name:	Klasse:	Datum:	Blatt 2/3

Getriebegröße ermitteln

1. Ermitteln Sie die Getriebegröße für ein Holzfenster DK DIN L mit den Außenmaßen 1,10 m × 1,60 m. Das Glasgewicht beträgt 40 kg/m² (Tabelle).
Es wird eine Roto NT Designo II Beschlag eingebaut, Falzluft 12 mm.
Ermitteln Sie die Flügelfalzhöhe (FFH) und die Flügelfalzbreite (FFB) und überprüfen Sie, ob bei dem gewählten Beschlag eine Zweitschere erforderlich ist.

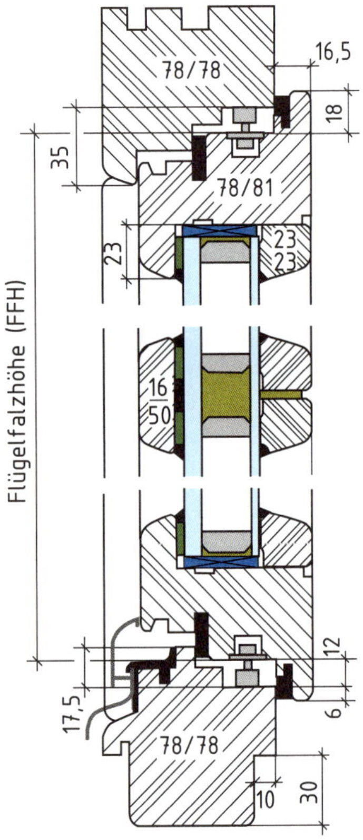

Abzug oben:

Abzug unten:

FFH =

FFB =

2. Zweitschere erforderlich

ja ☐ nein ☐

Begründung:

3. Wie hoch kann maximal die Fensterflügelhöhe bei einer Fensterflügelbreite von 990 mm gewählt werden?
Bei einer FFB von 990 mm kann die

FFH ______ mm betragen.

Glasgewicht

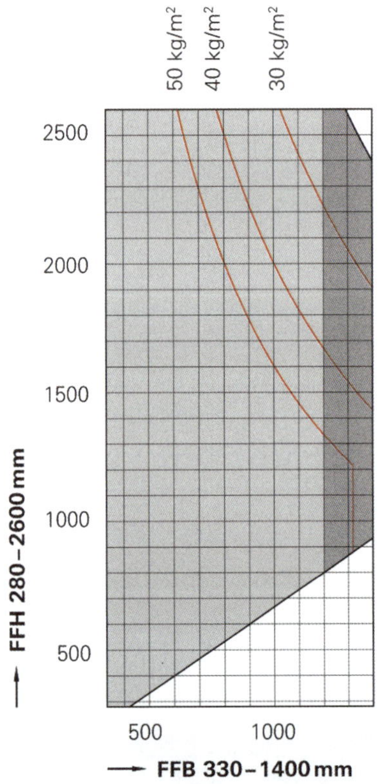

Anwendungsbereich
Flügelfalzbreite **FFB** – 330 – 1 400 mm
Flügelfalzbreite **FFH** – 280 – 2 600 mm
Flügelfalzbreite **FG** – max. 80 kg

Die Angaben bezeichnen das Gewicht in kg/m².
☐☐☐ = zulässiger Anwendungsbereich
▇ = Zweitschere erforderlich

12.6 Fensterbeschlag

Name:	Klasse:	Datum:	Blatt 3/3

Maße des Getriebebeschlags auswählen

1. Als Getriebebeschlag wird der Beschlag DK-Getriebe mittig/variabel, Dornmaß 15 mm gewählt. Geben Sie die Länge des Getriebes und die Bestellnummer an.

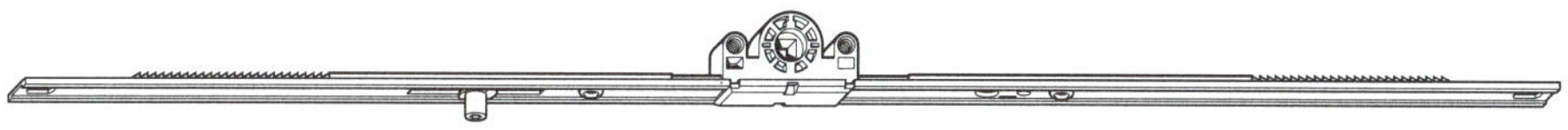

DK-Getriebe mittig/variabel, Dornmaß 15 mm				
FFH/mm	Länge/mm	Griffhöhe/mm	Schließzapfen	Material-Nr.
310– 450	430	155– 225		**259717**
451– 620	400	225– 310		**259718**
621– 800	580	311– 400	1 E	**259719**
801–1200	980	401– 600	1 E	**259720**
1201–1600	1380	601– 800	2 E	**259721**
1601–2000	1780	801–1000	2 E	**259762**
2001–2600	2180	1001–1200	4 E	**259763**

2. Geben Sie die Länge des Axerstulpes und die Anzahl der Schließzapfen an.

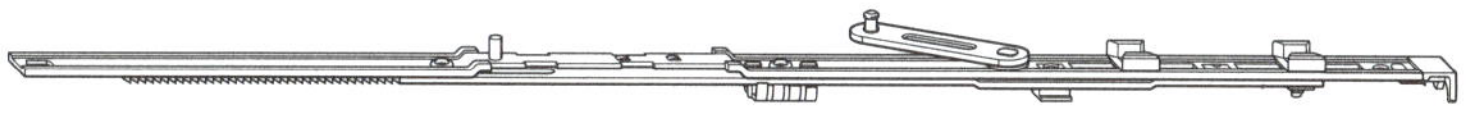

Axerstulp				
FFB/mm	Bezeichnung/Größe		Schließzapfen	Material-Nr.
290– 410	Axerstulp	150/ 300		**260201**
411– 600	Axerstulp	250/ 490		**256024**
601– 800	Axerstulp	350/ 690		**260204**
801–1000	Axerstulp	500/ 890	1 E	**260208**
1001–1200	Axerstulp	500/1090		**260209**
1001–1200	Axerstulp	500/1090	1 E	**260212**
1201–1600	Axerstulp	500/1290	1 E	**260215**

3. Geben Sie die Bestellnummer und die Größe des Axerarms an.

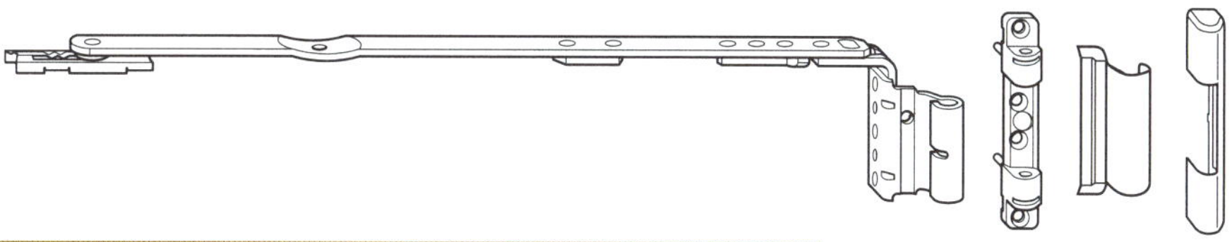

Axerarm K, System 12/18-9, Fluggewicht max. 130 kg			
FFB/mm	Größe		Material-Nr.
290– 410	150	L R	**258048** **258049**
411– 600	250	L R	**258050** **258051**
601– 800	350	L R	**258052** **258053**
801–1400	500	L R	**258037** **258038**

12.7 Isothermenverlauf

Name:	Klasse:	Datum:	Blatt 1/1

1. Was stellen Isothermenverläufe dar?

2. Erklären Sie einem Kunden die unterschiedliche bauliche Situation bzw. den unterschiedlichen Isothermenverlauf.

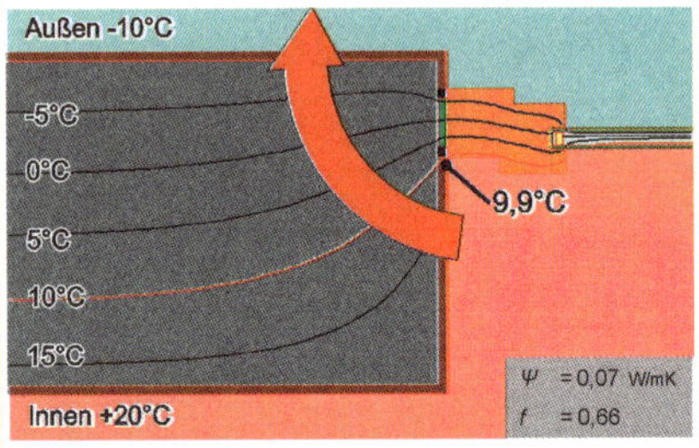

Fensterposition außen

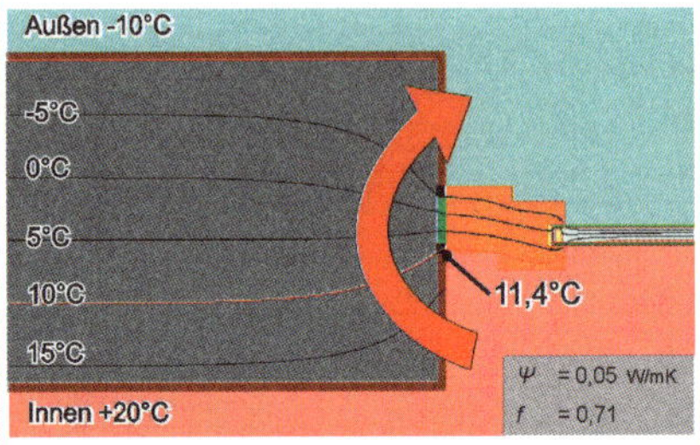

Fensterposition mittig

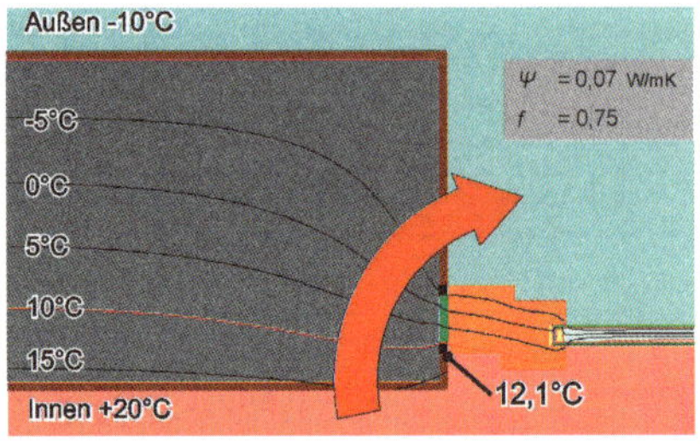

Fensterposition innen

3. Vergleichen Sie die vorgegebenen Einbausituationen. Wo treten bei den beiden unteren Ausführungen mögliche Schwachstellen auf? Zeichnen Sie die „Schwachstellen" ein.

Wärmedämmverbundsystem mit Anschlag

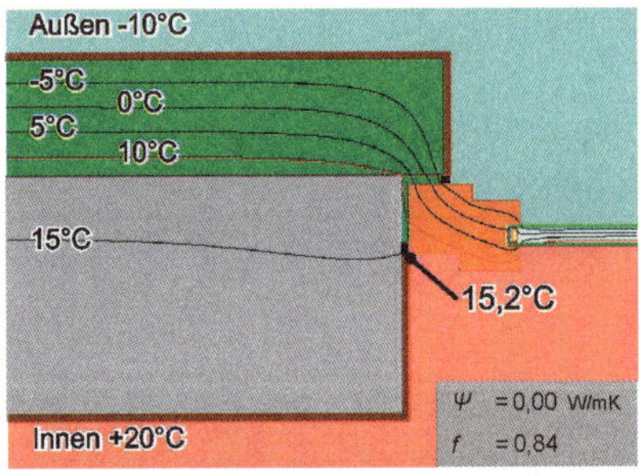

Fenster in der Dämmebene

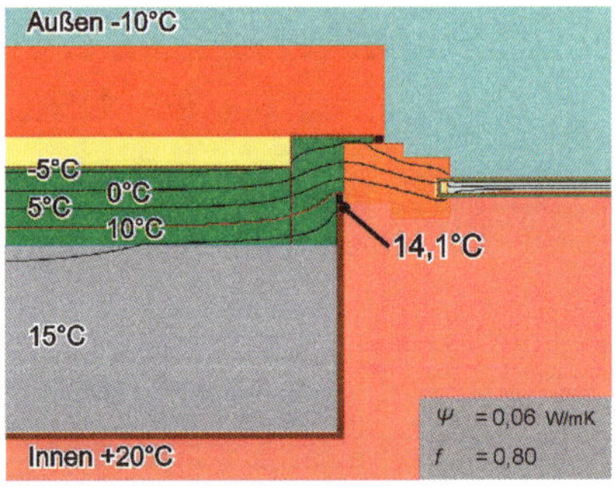

Wärmedämmverbundsystem im Sanierungsfall

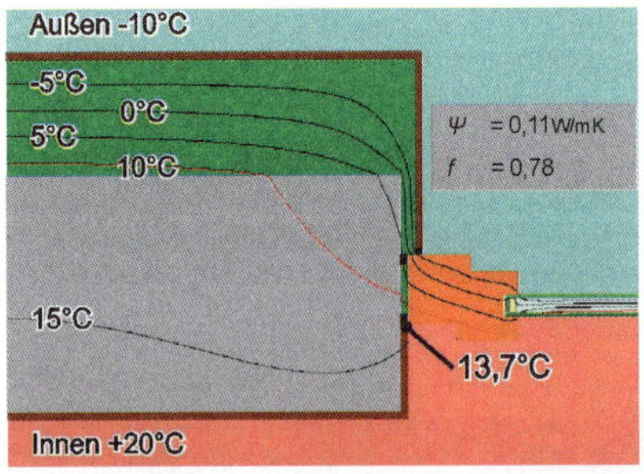

Lücke zwischen Vor- und Hintermauerwerk

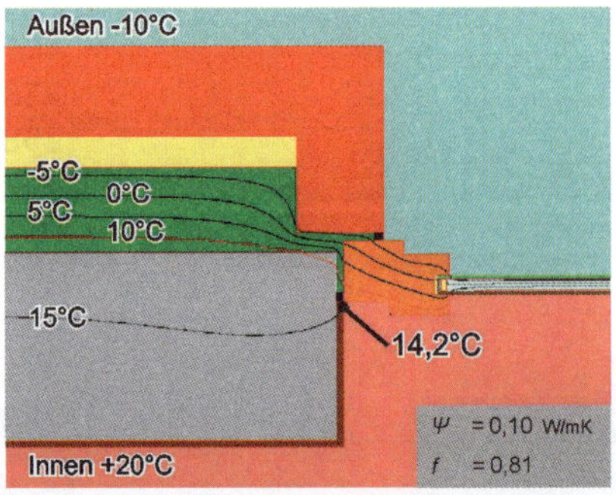

12.8 Energieeinstrahlung

Name:	Klasse:	Datum:	Blatt 1/1

1. Setzen Sie die fehlenden, unten aufgeführten Wörter in den Text ein.

Der Gesamtenergiedurchlassgrad *g*

Die verschiedenen Bauteile einer Gebäudehülle verursachen nicht nur Wärmeverluste, die durch den __________ bestimmt sind. Durch eine möglichst transparente Verglasung werden im Gebäudeinneren auch __________ erreicht. Während im __________ ein Teil der __________ durch solare Wärmegewinne reduziert werden kann, ist im __________ sogar ein Wärmeenergieüberschuss zu erreichen.

Der ***g*-Wert** gibt an, wie viel der auf das Glas auftreffenden __________ der Sonne durch das Glas hindurchgeht.

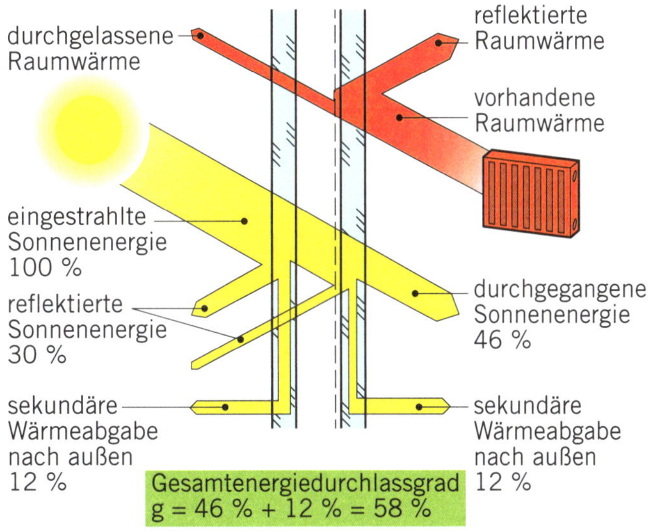

Je __________ der *g*-Wert der Verglasung, desto __________ Energie wird kostengünstig gewonnen.

Für die Belichtung des Raums ist der Anteil der sichtbaren Strahlung, die durch die Verglasung geht, maßgeblich. Der __________ gibt den sichtbaren, direkt durchgelassenen __________ im Bereich der Wellenlänge von 380 bis 780 mm an.

U-Wert | Winter | Wärmegewinne | Wärmeverluste | Frühling oder Herbst

Strahlungsenergie | höher | mehr | Lichttransmissionsgrad τ | Strahlungsanteil

12.9 Fensterelemente und Energiegewinnung			
Name:	Klasse:	Datum:	Blatt 1/1

1. Zeichnen Sie entlang der vorgegebenen roten Linie jeweils den Sonnenstand für Januar, März und Juni ein. Ergänzen Sie die Sonnenstrahlen.

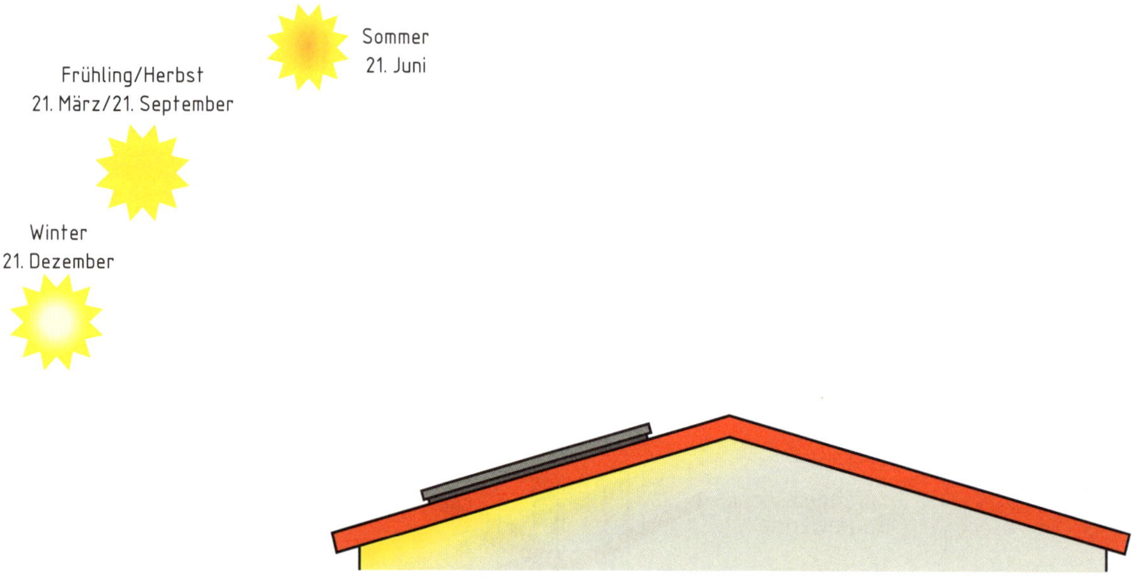

2. Beschreiben Sie, bezogen auf die einfallende Lichtenergie, die jeweilige Raumsituation. Vergleichen Sie auch die Situationen.

Situation	Lichteinfallsmenge

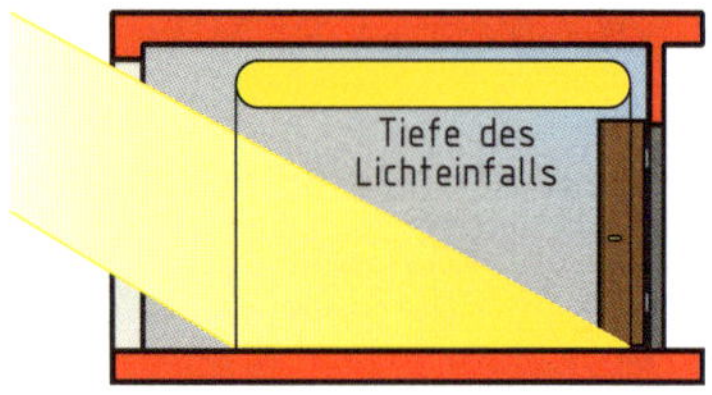	
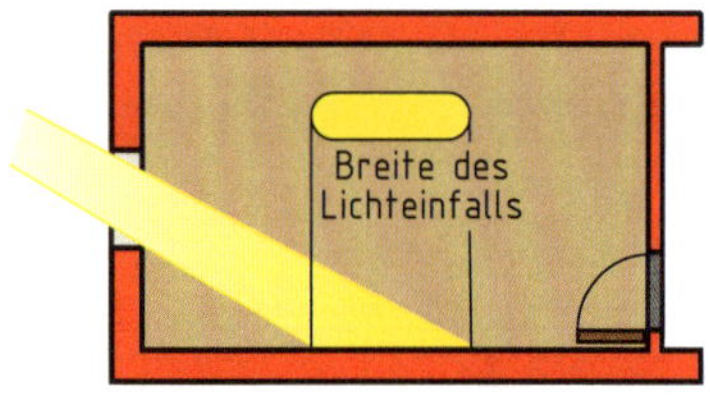	

13 Außentüren
13.1 Bogenkonstruktion

Name:	Klasse:	Datum:	Blatt 1/1

1. Für die dargestellte Hauseingangstür musste der Bogen aufgerissen werden.
Konstruieren Sie den Bogen.

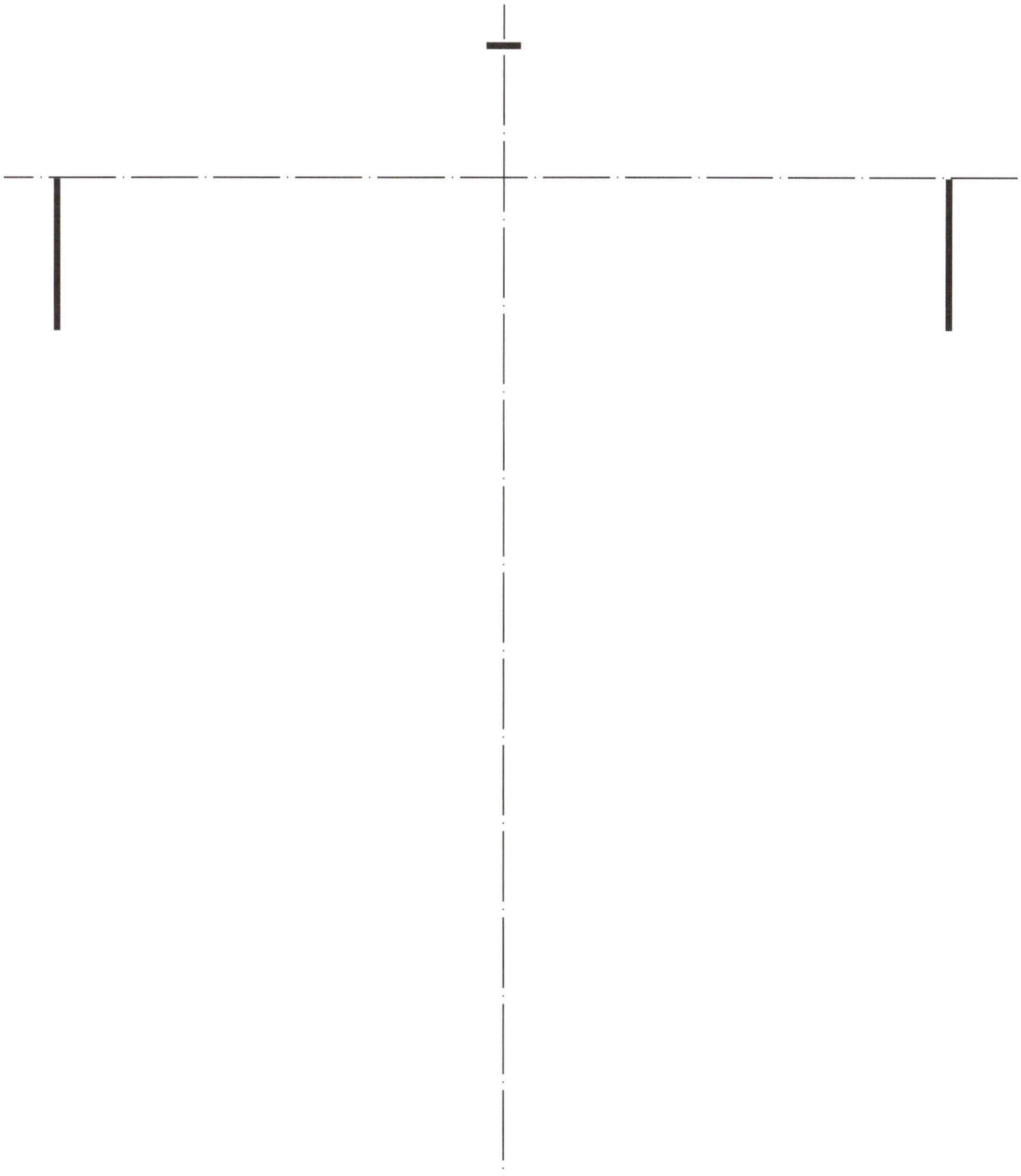

13.2 Türabschluss

Name:	Klasse:	Datum:	Blatt 1/1

1. Erstellen Sie das Mindmap zur Fragestellung. Welche Anforderungen werden an Eingangstüren gestellt?

Anforderungen an Eingangstüren

2. Ergänzen Sie die Darstellung eines unteren Türabschlusses, indem Sie die unteren Begriffe zuordnen.

innen **außen**

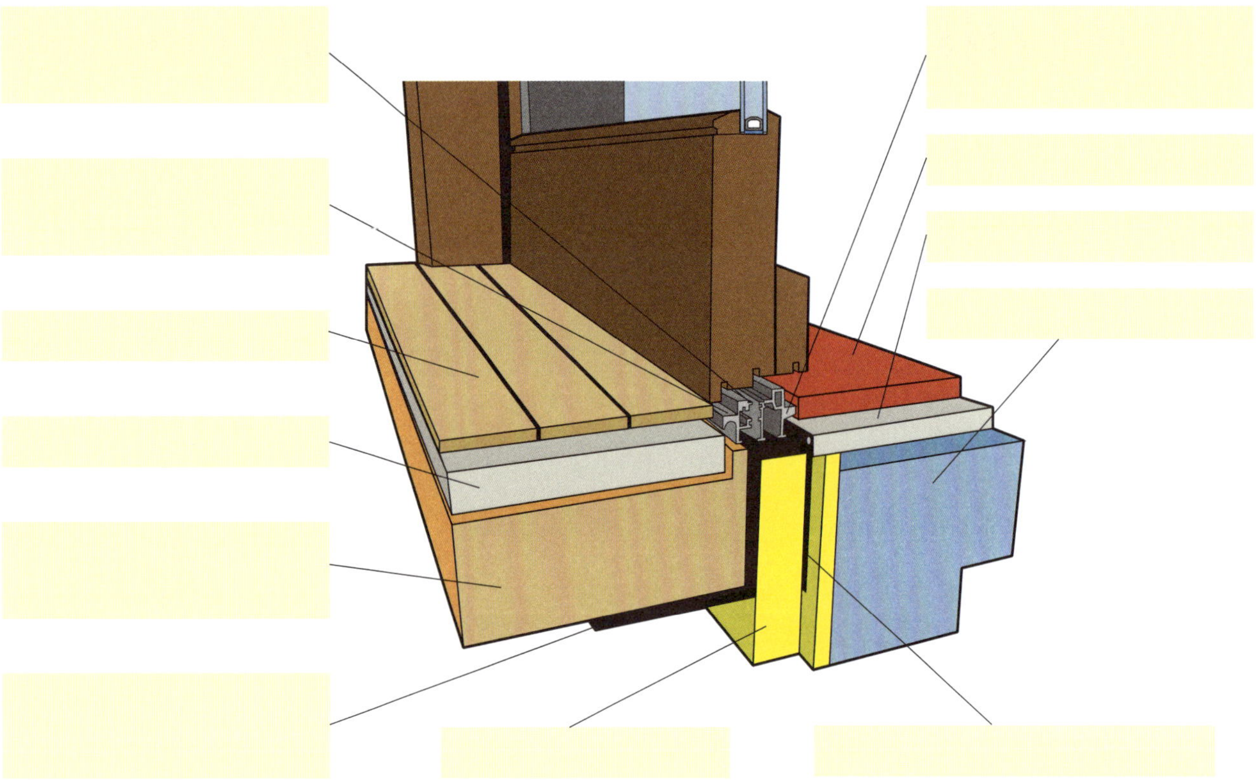

innere Abdichtung mit Anschluss zur Rohdecke | Dämmstreifen | äußere Folienabdichtung

Rohbeton – Podest | Verbundestrich | Dämmung zum unbeheizten Beton | Estrich

Fußbodenbelag | Dichtstofffuge mit Vorlegeband | Bodenbelag | Dichtstofffuge mit Vorlegeband

Bodenschiene thermisch getrennt

13.3 Türbänder und Türschloss

Name:	Klasse:	Datum:	Blatt 1/1

1. Bezeichnen Sie die einzelnen Türbänder?

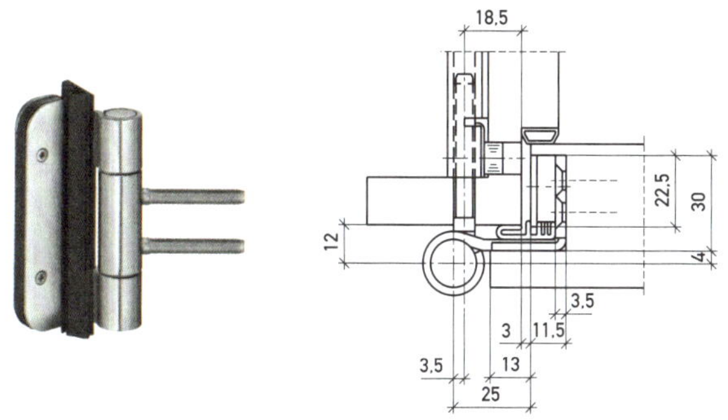

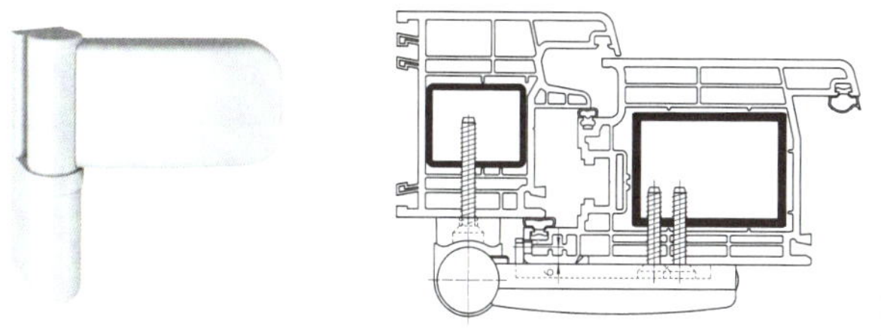

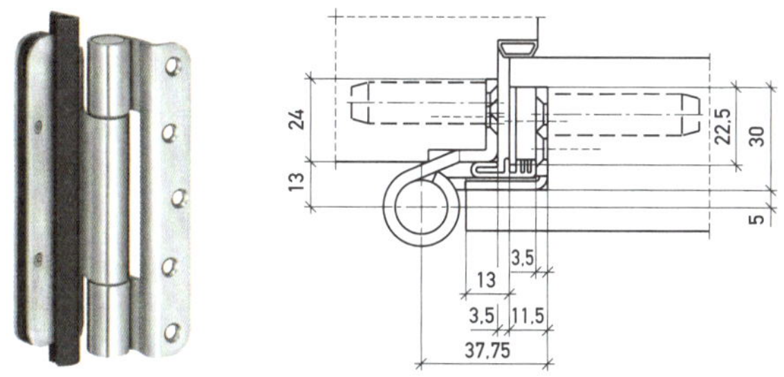

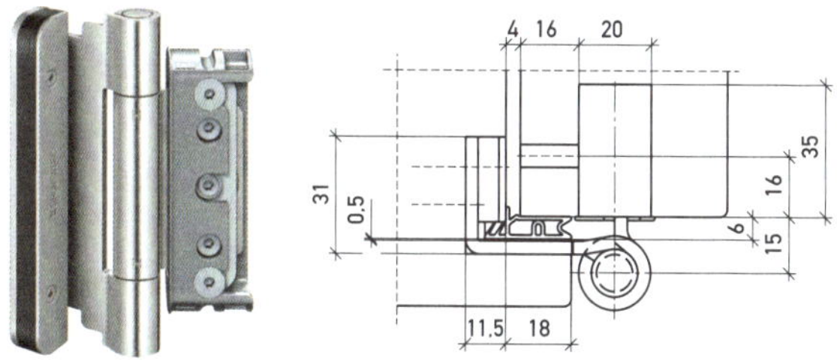

2. Ergänzen Sie die Darstellung eines Einsteckschlosses mit Schließzylinder.

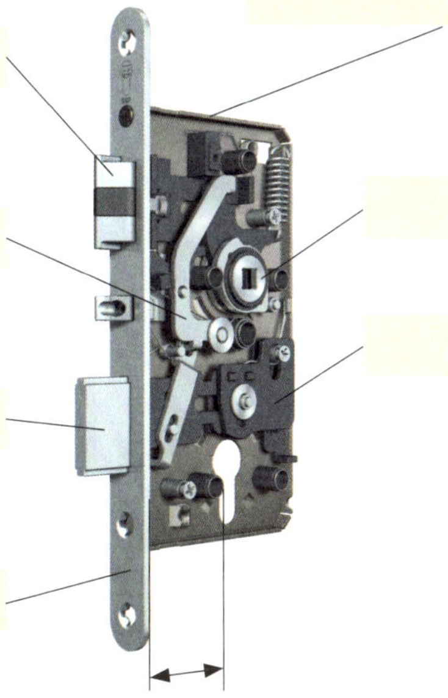

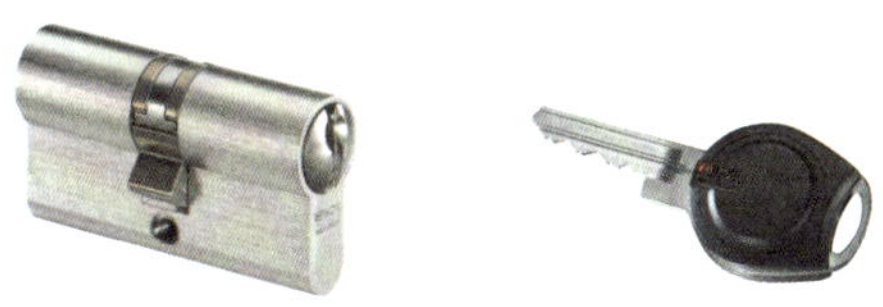

Profilzylinder mit Schlüssel

13.4 Einbruchhemmung

Name:	Klasse:	Datum:	Blatt 1/1

1. Welche Besonderheiten zur Einbruchhemmung liegen bei den Einbauteilen vor?

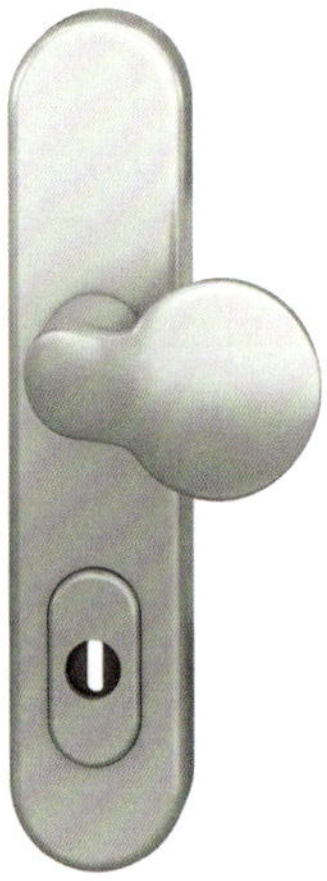

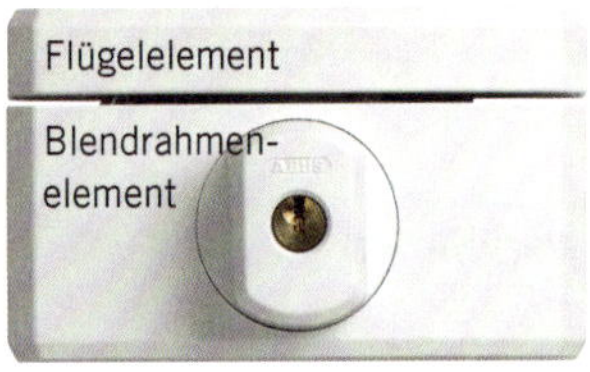

© ABUS August Bremicker Söhne KG

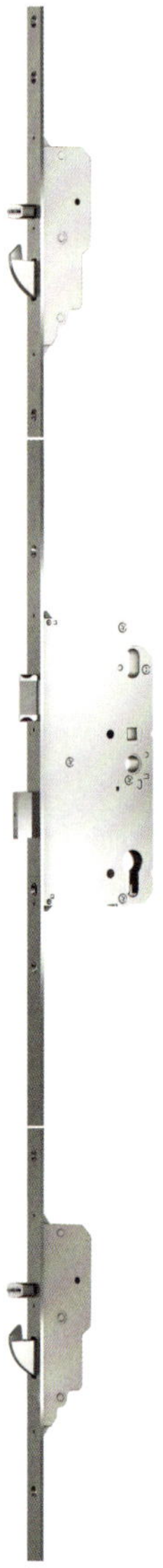

2. Welche einbruchhemmenden Maßnahmen sind hier dargestellt?

14 Einbruchschutz
14.1 Werkzeuge

Name:	Klasse:	Datum:	Blatt 1/1

1. Nennen Sie technische Maßnahmen für einen Einbruchschutz.

2. Benennen Sie die Werkzeuge und geben Sie die Werkzeugsätze für Prüfverfahren an (siehe Beispiel Schraubendreher).

	A1		
Schraubendreher L = 260 mm			

		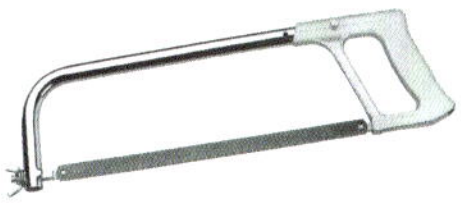	

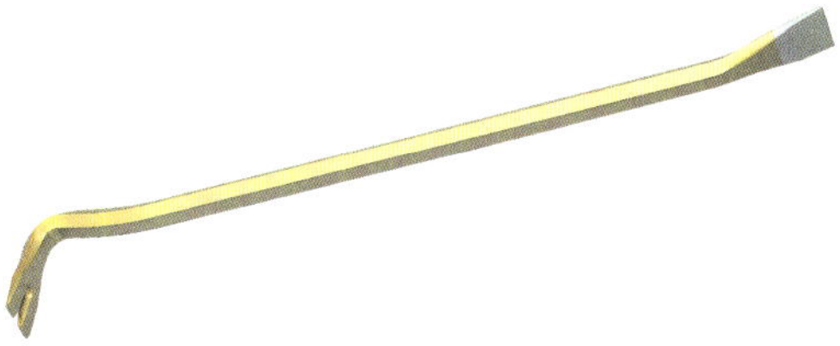		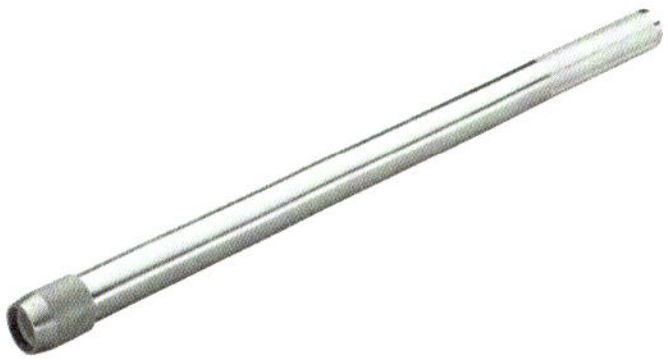	

15 Oberflächen
15.1 Oberflächenarbeiten

Name:	Klasse:	Datum:	Blatt 1/1

1. Bringen Sie die Begriffe anhand des alltäglichen Arbeitsablaufes in die richtige Reihenfolge.

Zusägen

Trocknen

Trocknen

Hobeln

Endlackierung

Entstauben

Schleifen

Trocknen

Beizen

Trocknen

Trocknen

Grundlackierung

Reinigen von Flecken

Entharzen

Wässern

Trocknen

2. Welches Schleifpapier verwenden Sie in den unterschiedlichen Schleifphasen? Verbinden Sie die Begriffe mit einer Linie.

Grobschliff	P 80
Endschliff	P 180
Nachschliff	P 400
Vorschliff	P 40

3. Wie erfolgt die Farbwirkung der Holzoberfläche beim Beizen?

15.2 Datenblatt

Name:	Klasse:	Datum:	Blatt 1/2

1. Erklären Sie die unterstrichenen Begriffe:

Technisches Merkblatt CLOU®

CLOUCRYL® 2012

Charakteristik

Cloucryl®2012 ist ein besonders klarer, füllkräftiger und wasserfester Zweikomponenten-Polyurethan-Acrylharz-Schichtlack zum Grundieren und Endlackieren. Zur Erzielung einer widerstandsfähigen, kratzfesten und chemikalienbeständigen Oberfläche. CLOUCRYL®2012 eignet sich für offenporige Lackierungen mit überdurchschnittlich schönem Porenbild.

- aromatenfrei und geruchsarm
- DINP-frei
- sehr gut beständig gegen Haushaltschemikalien
- schnelltrocknend und sehr gut schleifbar
- sehr gute Lichtbeständigkeit
- hart, zähelastisch und abriebfest
- kratzunempfindlich
- peroxidbeständig (Bleichmittel)
- beständig gegen PVC-Dichtungen (PVC-fest)

Anwendungsgebiete

Für stark strapazierte Möbel aller Art und zugehörige Anbauteile aus Holz oder Holzwerkstoffen. Ideal geeignet für Beschichtungen in Restaurants, Diskotheken, Büros, Schulen, Küchen, Schlafzimmern oder Bädern. Sehr gut geeignet für die Lackierung in Kindergärten sowie für Kinderspielzeug jeder Altersgruppe. Auch zur Erhöhung der chemischen und mechanischen Beständigkeit (Ringfestigkeit) von farbigen CLOUCRYL®-Decklacken geeignet. Auf mit Wasserstoffperoxid oder CLOU® Bleichmittel gebleichten Hölzern anwendbar, ohne dass Verfärbungen auftreten. Besonders geeignet als Überzugslack auf Effektlackierungen und gebeizten Flächen.

Verarbeitung/Applikation

Auftragsmethoden:	Becher	Airmix
∅ Spritzdüse (mm):	1,5 – 1,8	0,23
Spritzdruck (bar):	2,5 – 3,5	80 – 100
Auftragsmenge (g/m²):	100	100
Ergiebigkeit (m²/Liter):	5	5

Technische Daten

Mischungsverhältnis:	10:1 mit CLOUCRYL®-Härter	
Topfzeit bei 20 °C:	2 Tage	
Verdünnung:	DD-Verdünnung 29 bei Bedarf	
Viskosität:	28 ± 3 sek / DIN 4mm	
Dichte Lack (g/cm³):	~ 0,920	
DIN EN ISO 2813	matt	seidenmatt
Glanzgrad 60°-Winkel	~ 10GE	~ 25GE
DIN EN ISO 2813	seidenglänzend	
Glanzgrad 60 °-Winkel	~ 50GE	
DIN EN ISO 2813	glänzend	
Glanzgrad 20 °-Winkel	~ 80GE	

15.2 Datenblatt

Name:	Klasse:	Datum:	Blatt 2/2

1. Beantworten Sie mit Hilfe der Verarbeitungsanweisung die unten gestellten Fragen.

CLOU®

VERARBEITUNG

Vorbehandlung
Die zu beschichtende Holzoberfläche muss absolut trocken, schmutz-, öl-, fett- und schleifstaubfrei sein.

Beizen
Als Beizen sind (bis auf Wachsbeize) alle CLOU® Beizen geeignet. Vorraussetzung hierfür ist, dass diese gemäß den Arbeitsvorschriften verarbeitet und getrocknet wurden. Aufgrund seiner guten Lichtbeständigkeit und wasserklaren Brillianz ist CLOUCRYL®2012 besonders für helle Grau- oder Pastellfarbtöne geeignet.
Zur Verbesserung der Farbbeständigkeit kritischer Beiztöne empfiehlt sich die Zugabe von 5 % UV-Absorberzusatz Nr. 4471 zum fertig gemischten Lack.

Verarbeitung/Applikation
(Objekttemperatur > 15 °C, Holzfeuchte 8–12 %)
Holzschliff 150er Körnung und gut entstauben. Gebeizte Flächen nicht schleifen.
Vor Gebrauch CLOUCRYL® 2012 und CLOUCRYL®-Härter gründlich aufschütteln.
Lackmischung herstellen:

100	Teile	CLOUCRYL® 2012
10	Teile	CLOUCRYL®-Härter

Zur Erzielung der optimalen Härte und Belastbarkeit das vorgegebene Mischungsverhältnis exakt einhalten. Zuerst die Lack- und die Härterkomponente in einem sauberen Gefäß gründlich vermischen. Eine gleichmäßige Vermischung der beiden Komponenten muss gewährleistet sein.
Zur Anpassung der Oberflächenverspannung an die Verarbeitungsbedingungen vor Ort können 10–20% DD-Verdünnung zugegeben werden.
Die Lackmischung als Grundierung und als Endlackierung (Überzugslack) verarbeiten.

Härtung
(bei 20 °C und 50 % relative Luftfeuchte)
Nach einer Trocknungszeit von mindestens 2 Stunden vor dem nächsten Lackiergang sorgfältig mit Körnung 240/280 zwischenschleifen. Nach jedem Zwischenschliff Schleifstaub sorgfältig entfernen und unmittelbar weiterarbeiten.

Endlackierung
Zur Lackierung von sehr stark beanspruchten Objekten sind drei Lackaufträge notwendig. In diesem Falle das bereits zweimal lackierte Werkstück über Nacht trocknen lassen, sorgfältig mit Körnung 240/280 zwischenschleifen und abla-ckieren.
Nach Trocknung von 2 Tagen bei guter Belüftung ist die Lackierung stapel- und montagefest sowie geruchsfrei.
Die vollständige Durchhärtung und chemische Beanspruchung der Beschichtung ist nach 12–14 Tagen erreicht.

Pflegeanweisung
Matt lackierte Oberflächen niemals aufpolieren! Zur Entfernung leichter Verschmutzungen Oberflächen lediglich mit einem besonders weichen Tuch anfeuchten und trocknen lassen.

Besondere Hinweise
Zur Vermeidung von Verbundstörungen muss nach jedem Zwischenschliff unmittelbar ablackiert werden.

Für besonders supermatte und strapazierfähige Oberflächen empfiehlt sich CLOUCRYL®2012 Supermattlack. Bitte das technische Merkblatt CLOUCRYL®2012 Supermattlack verwenden.

CLOUCRYL Glaslack-Aktivator
Die Zugabe von CLOUCRYL® Glaslack-Aktivator ermöglicht die Direktlackierung von Glas nach vorheriger ordnungsgemäßer Reinigung. Siehe hierzu Technisches Datenblatt CLOUCRYL® Glaslack-Aktivator.

2. Was bedeutet der Begriff „Applikation“?

3. Mit welcher Körnung erfolgt der Holzschliff?

4. Wie unterscheidet sich die Lackmischung für die Grundierung von der Lackmischung der Endlackierung?

5. Welche Trocknungszeit muss zwischen den Lackaufträgen mindestens eingehalten werden und mit welcher Körnung erfolgt der Zwischenschliff?

6. Wie viele Lackaufträge sind bei sehr stark beanspruchten Oberflächen aufzubringen?

7. Nach wie vielen Tagen ist die Lackierung montagefest?

15.3 Mengenberechnung

Name:	Klasse:	Datum:	Blatt 1/1

1. Sie wollen eine Holzoberfläche von 27,5 m^2 Endlackieren (1 Auftrag).
Zur Verfügung steht der angegebene Lack (siehe Datenblatt).
Wie viel Liter Lack benötigen Sie insgesamt? Geben Sie die Menge in Litern für den Lackgrundstoff und den Härter an?

Verarbeitung/Applikation

Auftragsmethoden:	**Becher**	**Airmix**
∅ Spritzdüse (mm):	1,5–1,8	0,23
Spritzdruck (bar):	2,5–3,5	80–100
Auftragsmenge (g/m²):	100	100
Ergiebigkeit (m²/Liter):	5	5

Technische Daten

Mischungsverhältnis:	10:1 mit CLOUCRYL®-Härter	
Topfzeit bei 20 °C:	2 Tage	
Verdünnung:	DD-Verdünnung 29 bei Bedarf	
Viskosität:	28 ± 3 sek / DIN 4mm	
Dichte Lack (g/cm³):	~ 0,920	
DIN EN ISO 2813	matt	seidenmatt
Glanzgrad 60°-Winkel	~ 10GE	~ 25GE
DIN EN ISO 2813	seidenglänzend	
Glanzgrad 60 °-Winkel	~ 50GE	
DIN EN ISO 2813	glänzend	
Glanzgrad 20 °-Winkel	~ 80GE	

2. Um kleinere Verlustmengen auszugleichen, rechnen Sie mit einer Zusatzmenge von 10 %. Wie viel Liter Lackgrundstoff und Härter müssen Sie nun anmischen?

15.4 Trocknungs- und Aushärtungsprozesse

Name:	Klasse:	Datum:	Blatt 1/1

1. Ordnen Sie mit Hilfe von Linien die Trocknungsprozesse zu.
Ergänzen Sie jeweils die Begriffe „**Physikalische** …“ bzw. „**Chemische** …“.

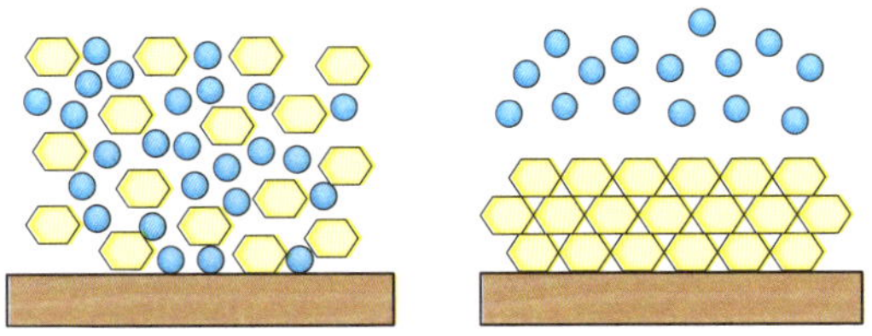

________________ Trocknung durch Verdunsten des Lösemittels

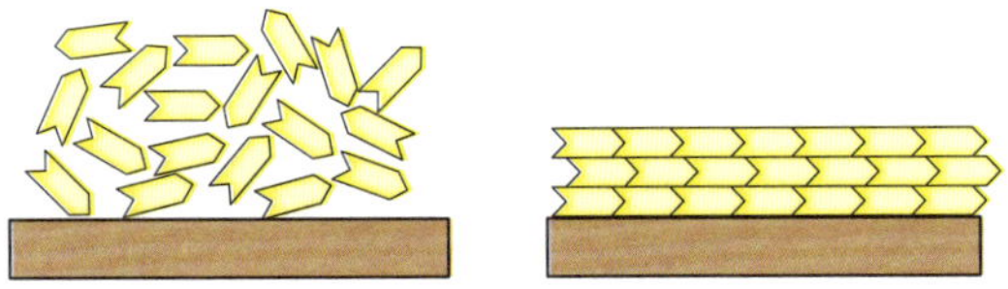

________________ Trocknung durch Verdunsten des Lösemittels Wasser

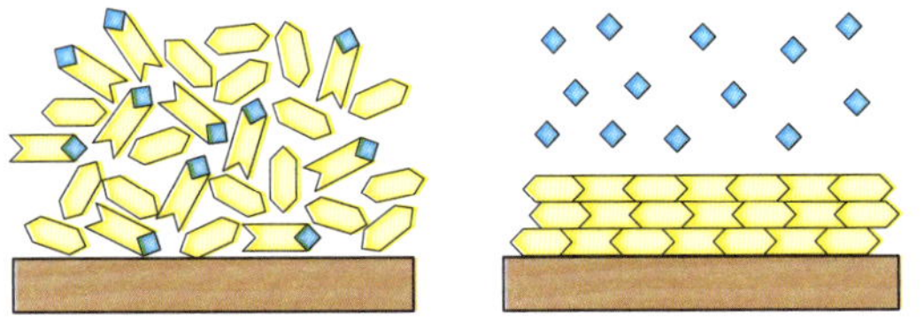

________________ Aushärtung durch Polyaddition

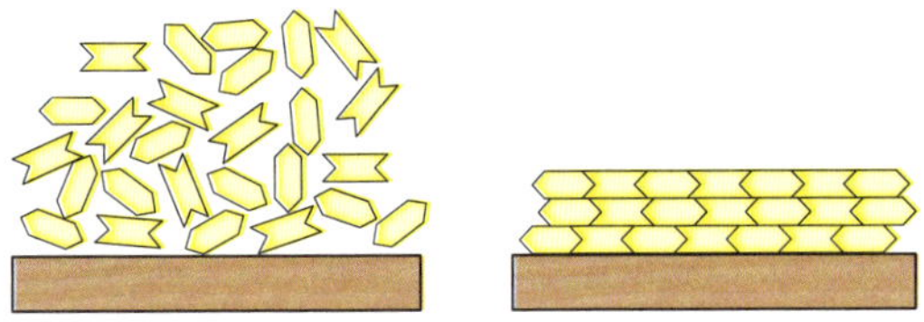

________________ Aushärtung durch Polykondensation

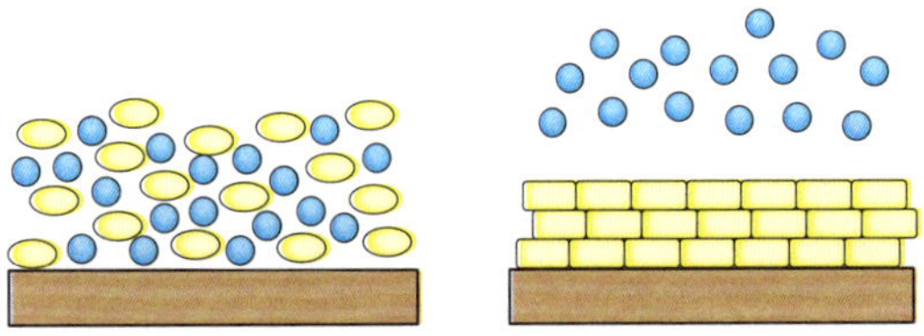

________________ Aushärtung durch Polymerisation

16 Baustoffe

16.1 Mineralische Platten und Dichtstoffe

Name:	Klasse:	Datum:	Blatt 1/1

1. Stellen Sie die mineralischen Plattenwerkstoffe **Gipsplatten** und **Gipsfaserplatten** gegenüber.

	Gipsplatten	**Gipsfaserplatten**
Grundstoff		
Einsatzgebiete		

2. Stellen Sie die Dichtungsmassen **Silikone** (ein- und zweikomponentig) und **Acrylate** gegenüber.

	Silikone		**Acrylate**
	einkomponentig	zweikomponentig	
Vernetzung			
Eigenschaften			
Zusätze			

16.2 Dichtstoffmassen

Name:	Klasse:	Datum:	Blatt 1/1

Auf einer Kartusche mit Dichtstoffmasse ist zu lesen:

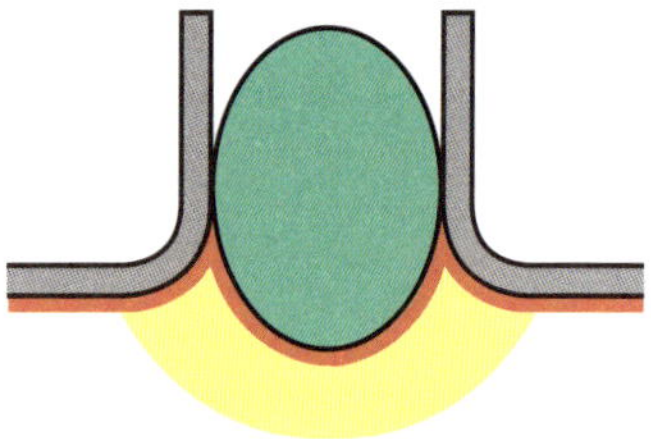

Verbrauch:
Der Verbrauch lässt sich aus Fugenbreite mal Fugentiefe mal Fugenlänge ermitteln. Bei einem Fugenquerschnitt von 5 × 5 mm reicht die Kartusche von 310 ml für ca. 12,4 m.

1. Prüfen Sie diese Angabe rechnerisch nach.

2. Für das Versiegeln von Eckbereichen wird mit einem Fugenquerschnitt von 3 × 3 mm gerechnet. Mit wie viel Meter Versiegelungslänge kann gerechnet werden?

3. Auf einer weiteren in der Nähe liegenden Baustelle müssen 6 Fenster versiegelt werden. Es ist insgesamt mit einer Versiegelungslänge von 54 m (4 × 4 mm) zu rechnen. Sie haben im Montagewagen noch drei Kartuschen à 310 ml liegen. Müssen Sie zur Werkstatt und weitere Kartuschen holen oder reichen drei Kartuschen aus?

17 Kalkulation
17.1 Begriffe

Name:	Klasse:	Datum:	Blatt 1/1

1. Erklären Sie die folgenden Begriffe:
Einzelkosten

Materialkosten

Fertigungslöhne

Maschinenkosten

Materialabhängige Gemeinkosten

Lohnabhängige Gemeinkosten

Umsatzsteuer

17.2 Kalkulationsschema

Name:	Klasse:	Datum:	Blatt 1/1

1. Ergänzen Sie das dargestellte Kalkulationsschema, indem Sie die fehlenden Begriffe einsetzen.

Angebotskalkulation

+ materialabhängige Gemeinkosten

+ Fertigungslöhne (direkt verrechenbare Lohn- und Gehaltskosten)

+ lohnabhängige Gemeinkosten

+ Maschinen- oder Gerätekosten

+ Sonderkosten der Fertigung

+ Sonderkosten des Vertriebs

= Angebotspreis (netto)

= Angebotspreis (brutto)

2. Telefonisch fragt ein Kunde den Preis für den von der Tischlerei gefertigten Schrank an. Als Antwort bekommt er den Preis von 1 450,– EUR netto gesagt.
Wie hoch ist der Bruttopreis, bei einem MwSt.-Satz von 19 %?

3. Einem Bekannten nennen Sie den Bruttopreis von 1 725,50 EUR.
Da er selbst Unternehmer ist, kann er die MwSt. weitergeben und errechnet einen Nettopreis von 1 397,66 EUR.
Wie rechnet er bzw. wie kommt der Unterschied zustande?

17.3 Aufgaben zur Kalkulation

Name:	Klasse:	Datum:	Blatt 1/1

1. Für einen Kredit seiner Hausbank von 45000 EUR muss der Unternehmer einer Tischlerei 4 % Zinsen p. a. zahlen.
Wie viel EUR muss er für die monatliche Zinszahlung aufbringen?

2. Der Tischlermeister kalkuliert für die Fenstermontage in einem Wohnhaus mit 15 Stunden und zwei Gesellen. Er überlegt, einen dritten Gesellen einzusetzen.
Schaffen drei Gesellen die Arbeit an einem Arbeitstag (8 Stunden)?

3. Der Tariflohn wird um 4,5 % angehoben. Der Stundenlohn liegt bei 17,35 EUR. Wie hoch ist der neue Stundenlohn?

4. Eine Holzbearbeitungsmaschine (Neupreis: 40000 EUR) wird über 8 Jahre linear abgeschrieben. Erklären Sie den Vorgang der Abschreibung und wie hoch ist der Betrag, der jährlich abgeschrieben werden kann.

18 Qualitätssicherung
18.1 Kundenzufriedenheit

Name:	Klasse:	Datum:	Blatt 1/1

1. Wie lässt sich die Kundenzufriedenheit messen?

2. Entwickeln Sie in Dreiergruppen Kriterien zur Überprüfung der Kundenzufriedenheit mittels eines Fragebogens.

3. Erstellen Sie einen Fragebogen, den der Kunde nach Auftragsabschluss beantwortet.

4. Stellen Sie ihren Fragebogen der Klasse vor.

Name:	Klasse:	Datum:	Blatt 1/1

1. Setzen Sie die unten angeordneten englischen Begriffe an die richtige Position.

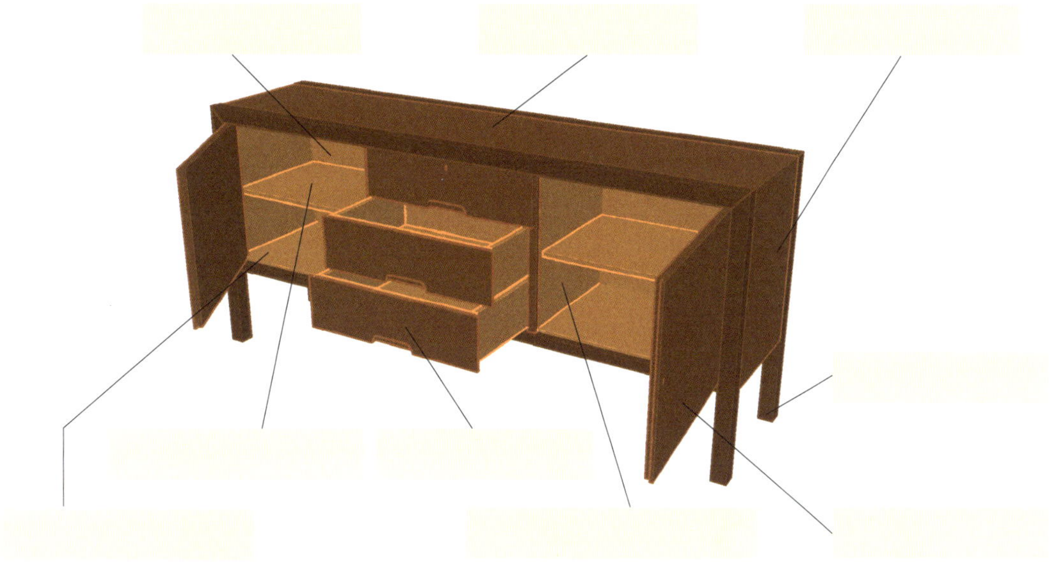

rear panel floor carpet drawer outer face door rack top panel bottom panel

partition panel

head mullion jamb top rail muntin beading stile transom

bottom rail base rail

19.2 Begriffe – Rohbau

Name:	Klasse:	Datum:	Blatt 1/1

1. Setzen Sie die unten angeordneten englischen Begriffe an die richtige Position.

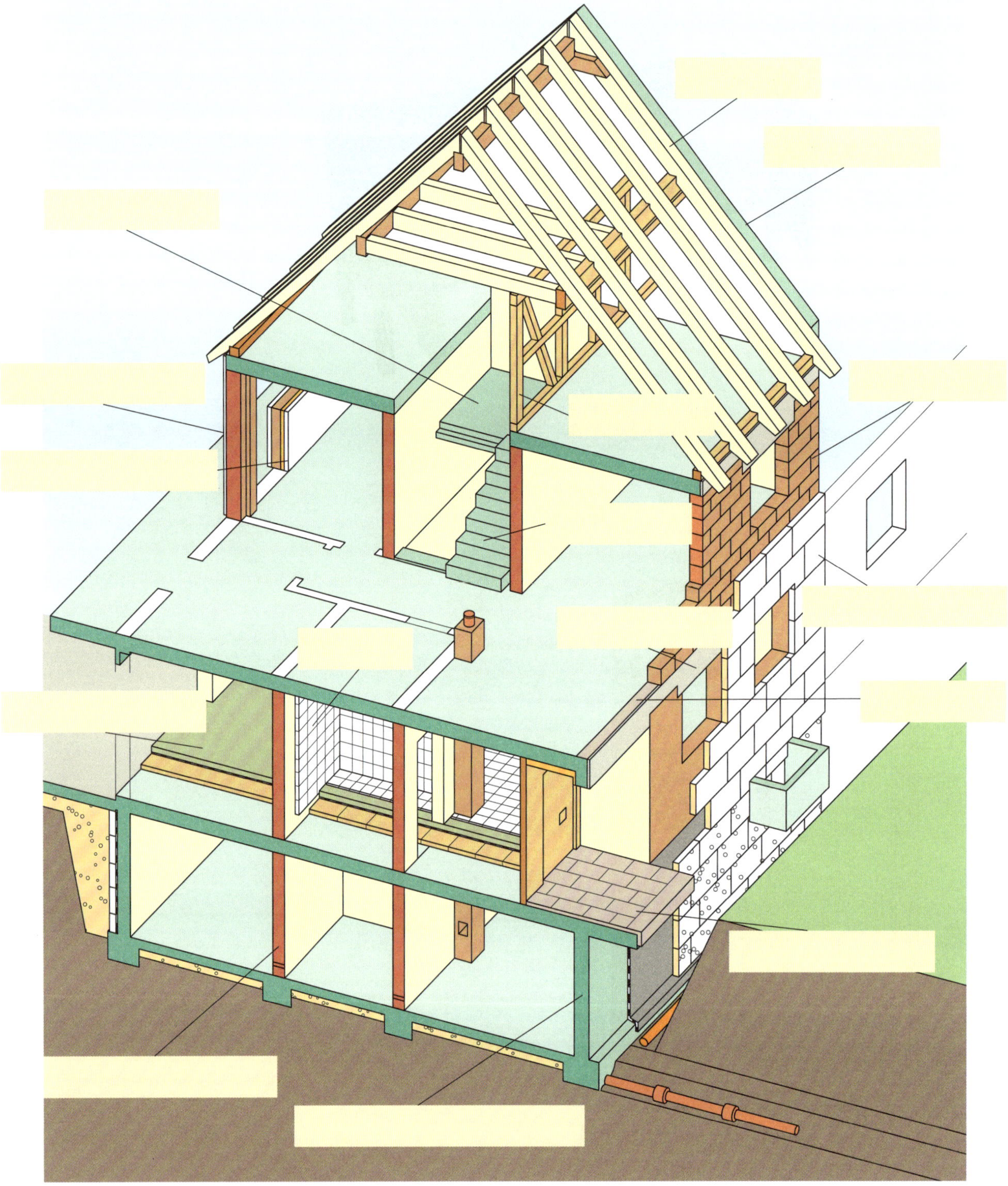

platform | external plaster | rafter | tile | mortar | masonry | floating screed

window lintel | staircase | interior plaster | load bearing wall | floor covering | heat insulation

reinforced concrete wall | partition wall